わくわく ポイント確認カード

アプリでバッチリ！ ポイント確認！

JN079578

雲の量と天気

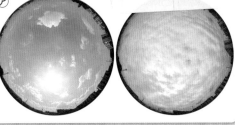

㋐の天気は？

㋑の天気は？

1

いろいろな雲

㋐・㋑の雲の名前は？

雨をふらせる雲はどっち？

2

鹿児島 （気象庁提供）

白い部分は何？

鹿児島の天気は雨？晴れ？

3

インゲンマメの種子

㋐は何になる？

㋑には何がある？

4

発芽・成長と養分

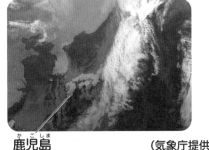
液
㋐インゲンマメの種子
㋑発芽して成長したインゲンマメの子葉

でんぷんを調べる液の名前は？

㋐・㋑でんぷんが少ないのは？

5

けんび鏡

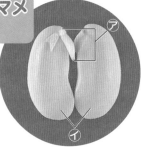

㋐の名前は？

㋑の名前は？

6

花粉

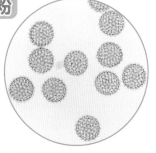

ヘチマアサガオどっちの花粉？

花粉はどこでつくられる？

7

かいぼうけんび鏡の使い方

㋐の名前は？

かた目両目どっちで見る？

8

メダカのおすとめす

めすは㋐・㋑のどっち？

㋐・㋑のどこがちがう？

9

子メダカのようす

㋐には何がある？

たんじょうして2〜3日の間えさは食べる？

10

アプリでバッチリ！ポイント確認！

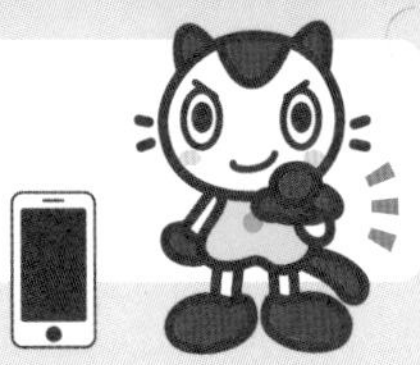

おもての QR コードからアクセスしてください。

※本サービスは無料ですが、別途各通信会社の通信料がかかります。
※お客様のネット環境および端末によりご利用できない場合がございます。
※ QR コードは㈱デンソーウェーブの登録商標です。

使い方

- 切りとり線にそって切りはなしましょう。
- 写真や図を見て、質問に答えてみましょう。
- 使い終わったら、あなにひもなどを通して、まとめておきましょう。

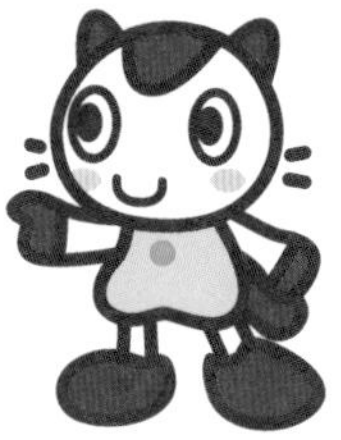

いろいろな雲

㋐の積乱雲ははげしい雨をふらせるよ！

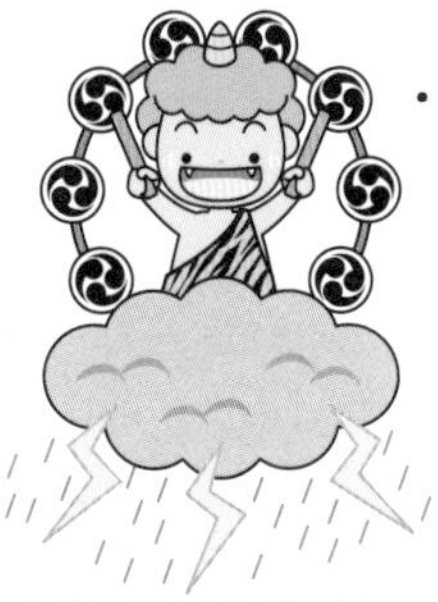

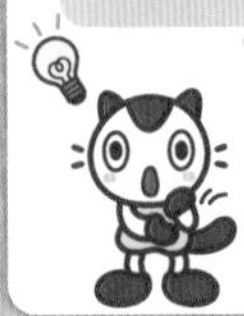

- ㋐は積乱雲（かみなり雲）
- ㋑は巻雲（すじ雲）

2

雲の量と天気

㋐は晴れ

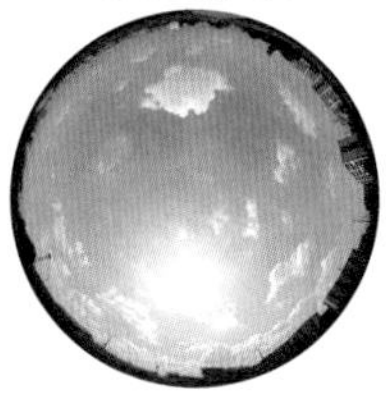

雲の量　0～8

㋑はくもり

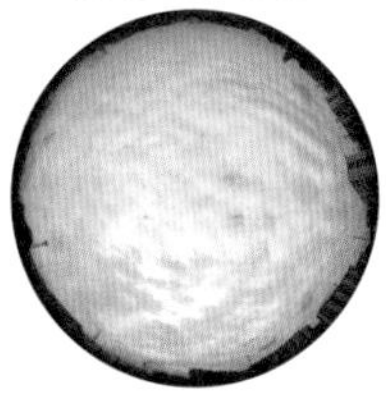

雲の量　9～10

1

インゲンマメの種子

でんぷんは発芽や成長するときの養分になるんだ。

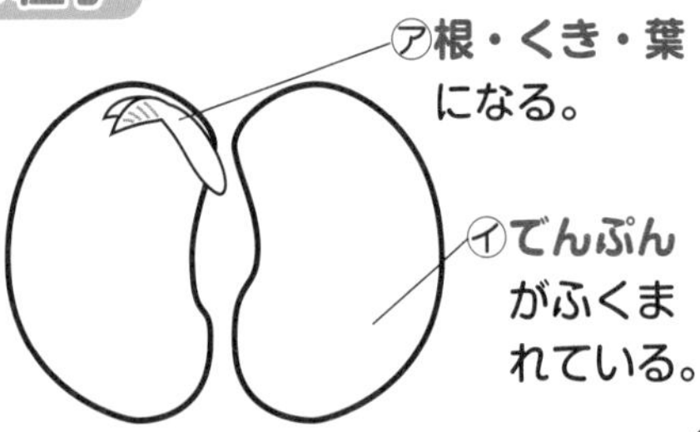
㋐根・くき・葉になる。
㋑でんぷんがふくまれている。

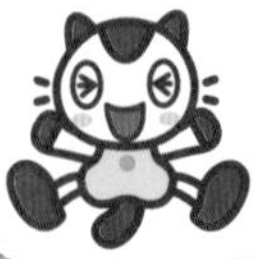

4

雲のようす

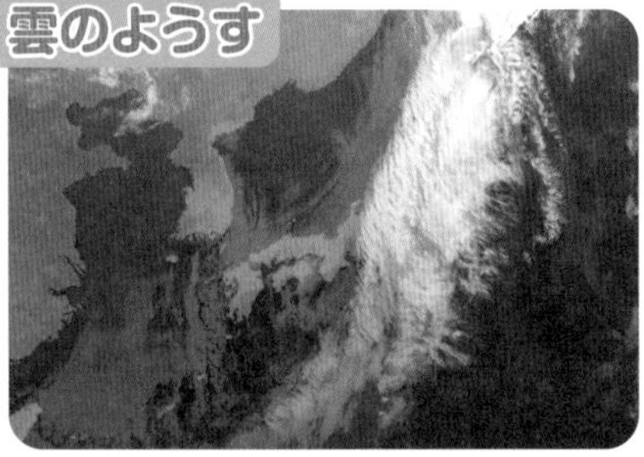

白い部分は雲だよ。鹿児島には雲が見られないから、天気は晴れだね。

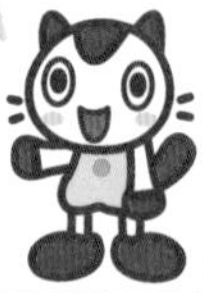

3

けんび鏡

倍率を大きくすると大きく見えるけれど明るさは暗くなるよ。

- ㋐は接眼レンズ
- ㋑は対物レンズ

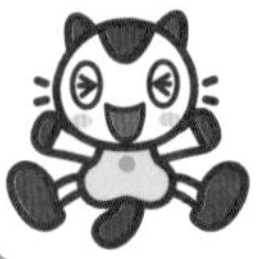

けんび鏡の倍率＝接眼レンズの倍率×対物レンズの倍率

6

発芽・成長と養分

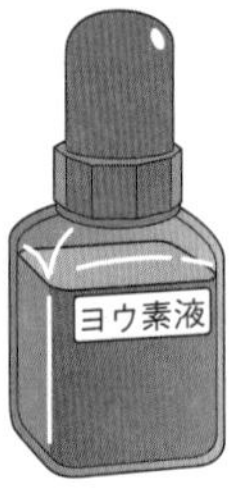
ヨウ素液

- 液の名前はヨウ素液。
- でんぷんが少ないのは㋑。

ヨウ素液はでんぷんがあると青むらさき色になるよ。

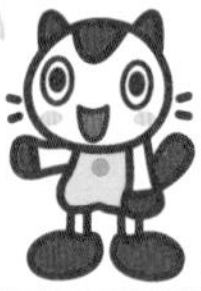

5

かいぼうけんび鏡の使い方

- ㋐は調節ねじ。
- かた目で観察する。

見るものをステージの上に置いて観察する。

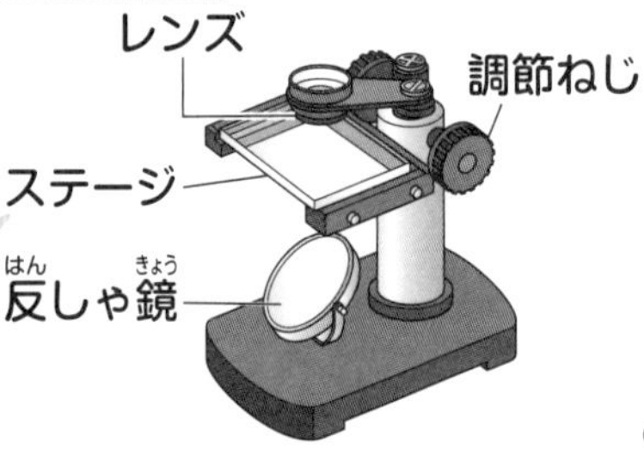
レンズ
調節ねじ
ステージ
反しゃ鏡

8

花粉

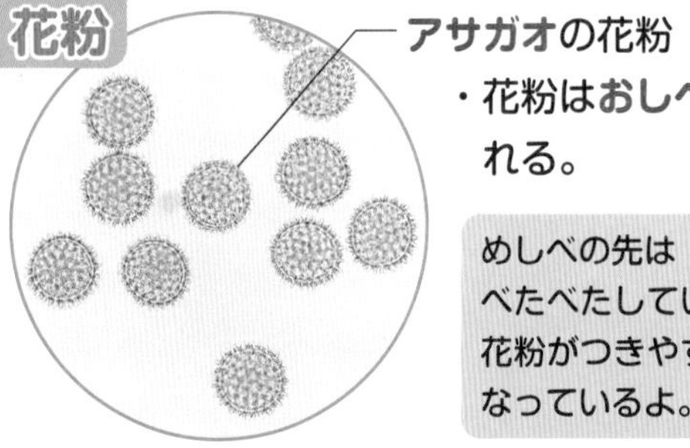
アサガオの花粉

- 花粉はおしべでつくられる。

めしべの先はべたべたしていて、花粉がつきやすくなっているよ。

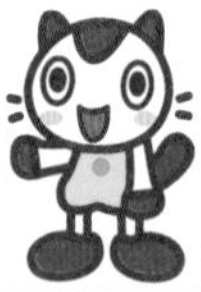

7

子メダカのようす

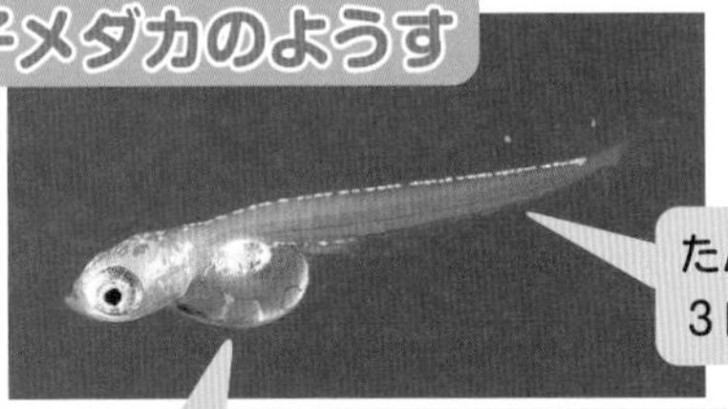

たんじょうしてから2～3日はえさを食べない。

かえったばかりの子メダカは、はら(㋐)に養分の入ったふくろがある。

10

メダカのおすとめす

- ㋐がめす。
- めすのせびれには切れこみがなく、しりびれの後ろが短い。おなかがふくらんでいる。

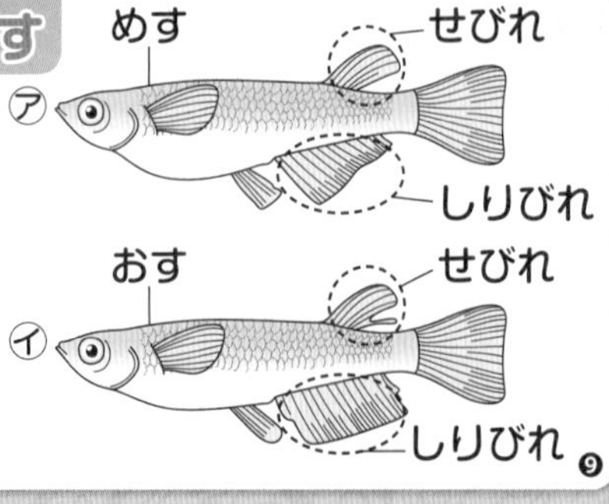
めす
せびれ
㋐
しりびれ
おす
せびれ
㋑
しりびれ

9

アサガオ

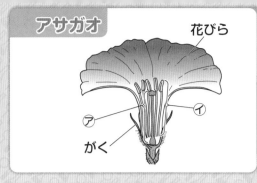

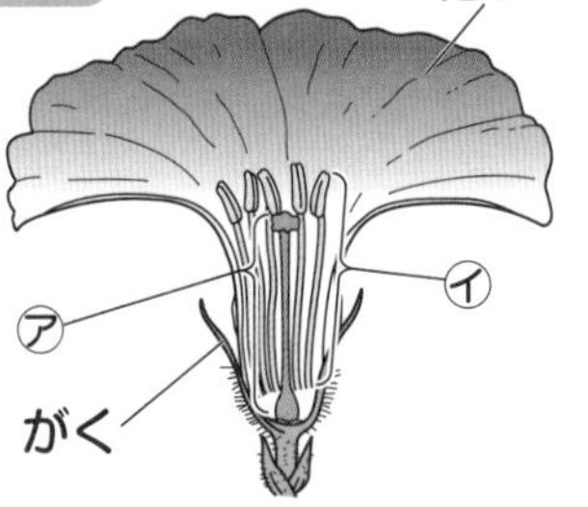
花びら
㋐
㋑
がく

㋐の名前は？

㋑の名前は？

[11]

ヘチマ

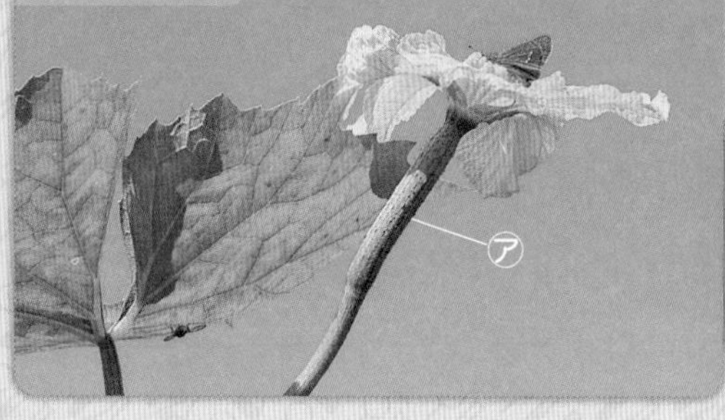
㋐

おばなかめばなか？

㋐は何になる？

[12]

子宮の中のようす

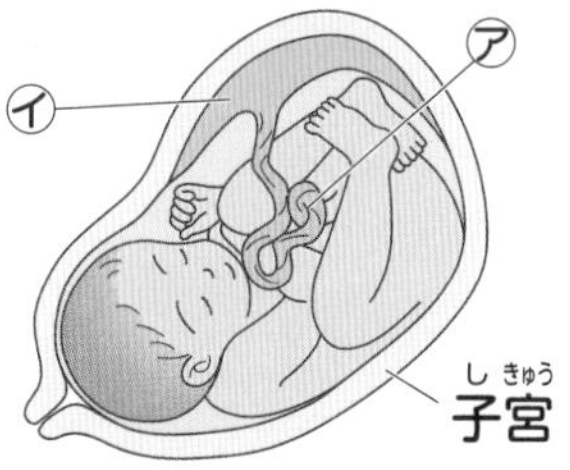
㋐
㋑
子宮（しきゅう）

㋐の名前は？

㋑の名前は？

[13]

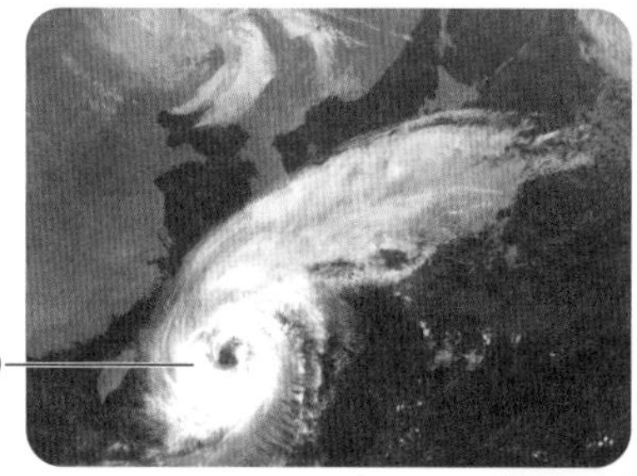
㋐

（気象庁提供）

㋐は何？

㋐が近づくと雨や風はどうなる？

[14]

川のようす

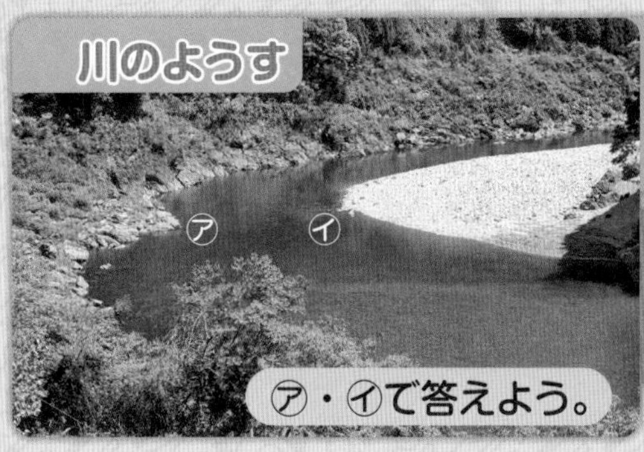
㋐
㋑
㋐・㋑で答えよう。

流れが速いのは？

石などがたい積（せき）しているのは？

[15]

山の中を流れる川

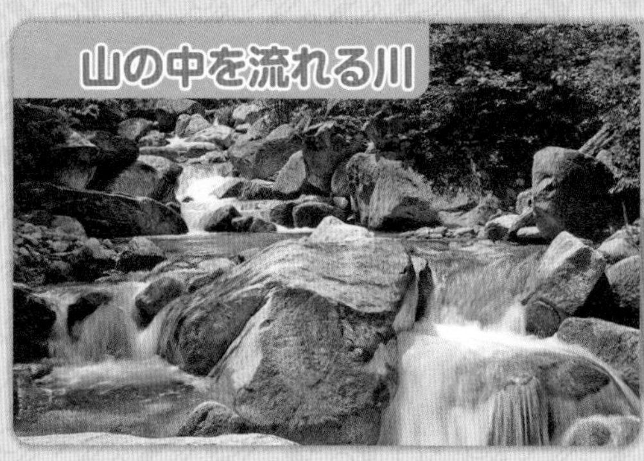

山の中での流れの速さは？

石の形、大きさは？

[16]

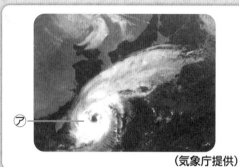

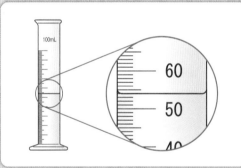

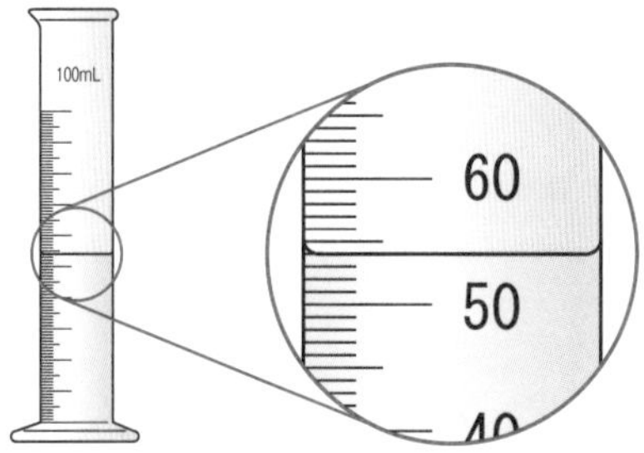
100mL
60
50
40

この器具の名前は？

液（えき）は何mL入っている？

[17]

ろ過

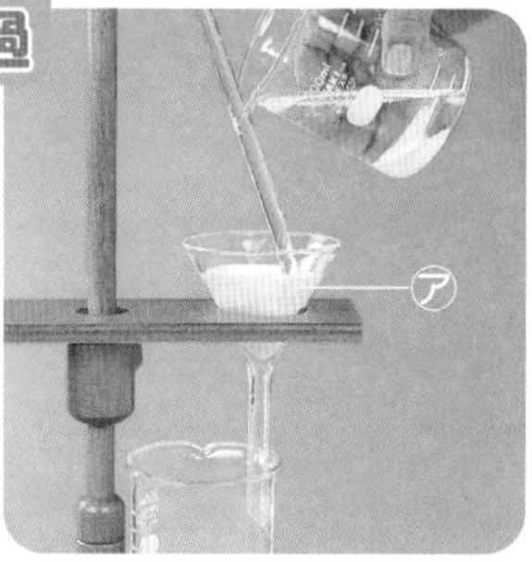
㋐

㋐の紙の名前は？

液はどのように注ぐ？

[18]

ふりこ

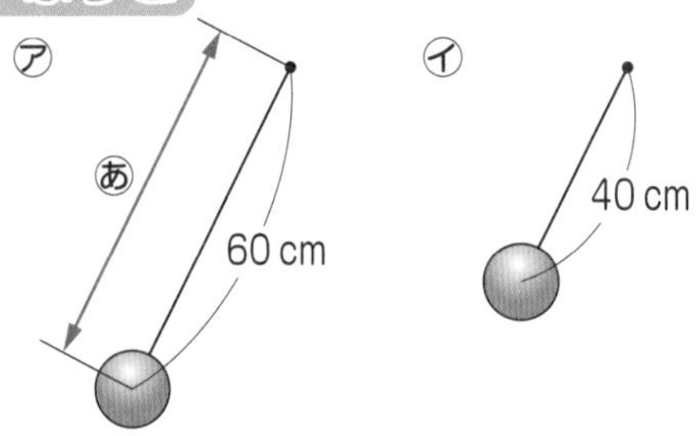
㋐
㋑
[あ]
60 cm
40 cm

ふりこの[あ]は何という？

㋐・㋑で1往復（おうふく）する時間が短いのは？

[19]

電磁石

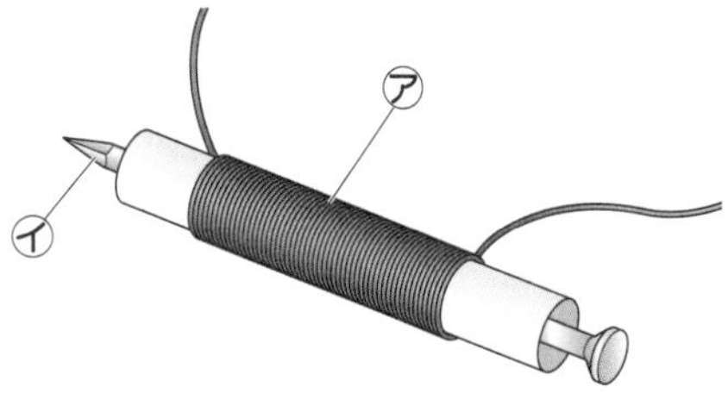
㋐
㋑

㋐どう線をまいたものを何という？

㋑何をしんにする？

[20]

電磁石の極

電磁石の極はどうなる？

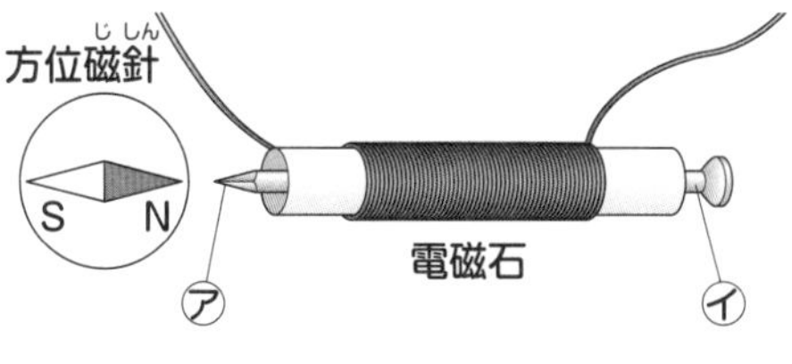
方位磁針（じしん）
S
N
電磁石
㋐
㋑

㋐・㋑で電磁石（でんじしゃく）のN極は？

電流が逆向き（ぎゃく）だとどうなる？

[21]

電磁石の強さ

電磁石を強くするには？

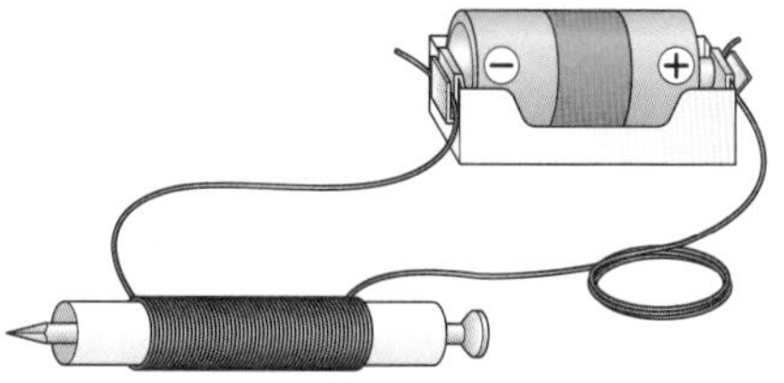

コイルのまき数はどうする？

電流の大きさはどうする？

[22]

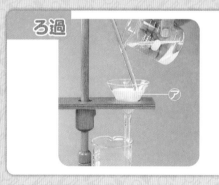

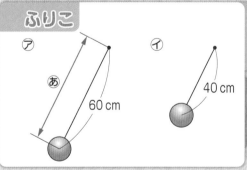

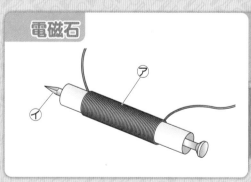

ヘチマ

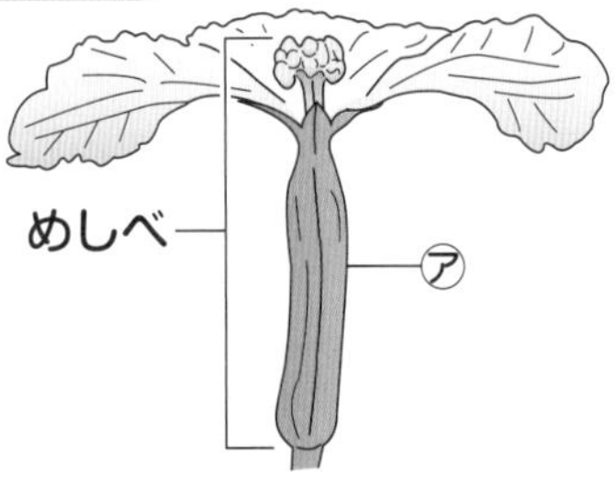

めしべ
㋐

- めしべがあるのでめばな。
- めしべのもと(㋐)は受粉(じゅふん)後実になる。

⑫

アサガオ

アサガオはめしべとおしべが１つの花についているね。

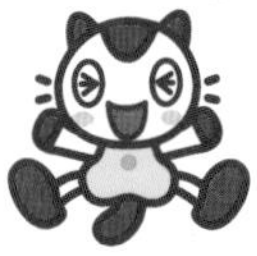

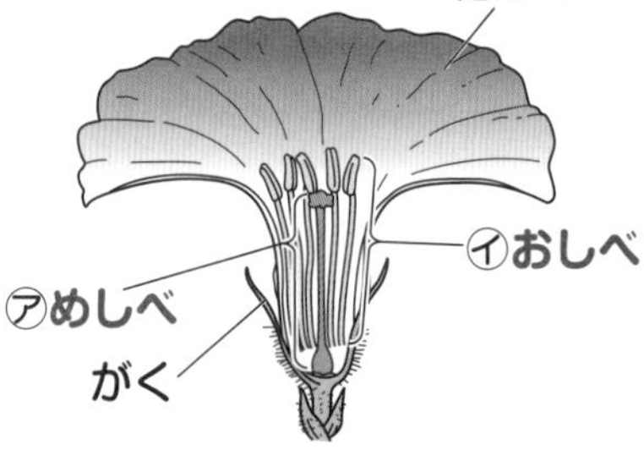

花びら
㋑おしべ
㋐めしべ
がく

⑪

台風

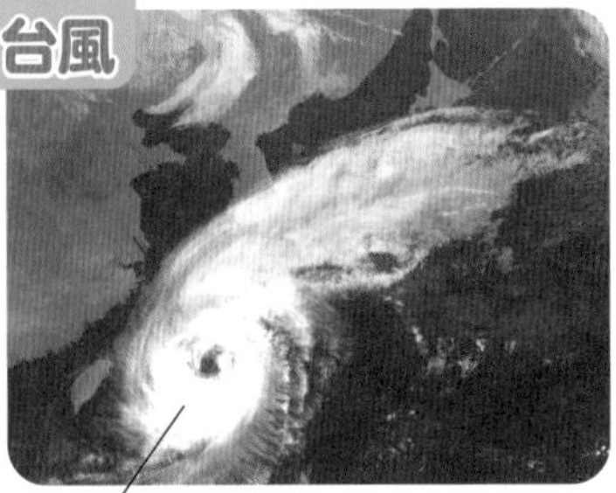

㋐台風

- 台風(たいふう)が近づくと雨や風が強くなる。

台風は南の海の上で発生するよ。

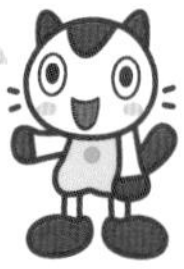

⑭

子宮の中のようす

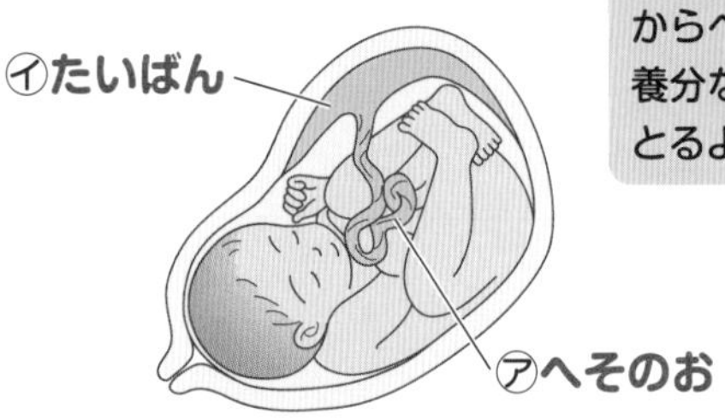

㋑たいばん
㋐へそのお

人の子どもは、たいばんからへそのおを通して、養分などを母親から受けとるよ。

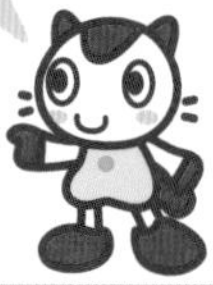

⑬

山の中を流れる川

- 山の中での流れは速い。 ⟷ 平地では流れはおそくなる。
- 山の中の石は角ばっていて大きい。 ⟷ 海に近づくにしたがって石は丸く小さくなる。

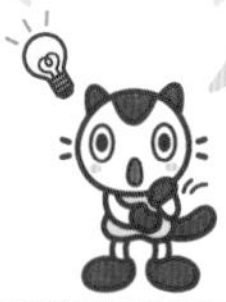

⑯

川のようす

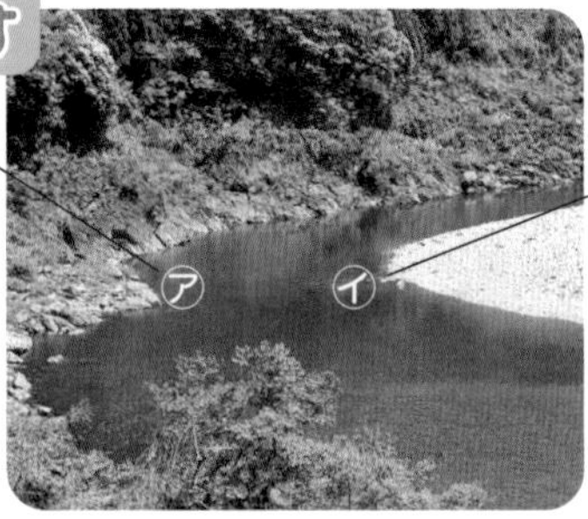

㋐
㋑

㋐は流れが速く、岸がけずられる。

㋑は流れがおそく、流された石などがたい積する。

⑮

ろ過

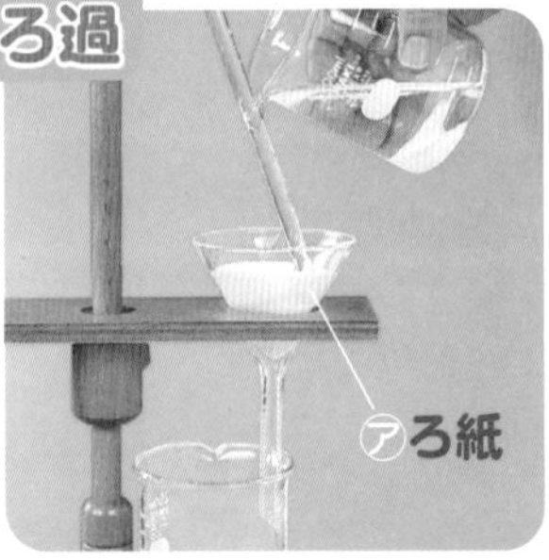

㋐ろ紙

- ろ過(か)する液はガラスぼうなどに伝わらせて注ぐ。

ろうとの先はビーカーのかべにくっつくようにするよ。

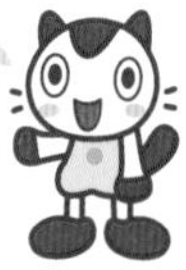

⑱

メスシリンダーの使い方

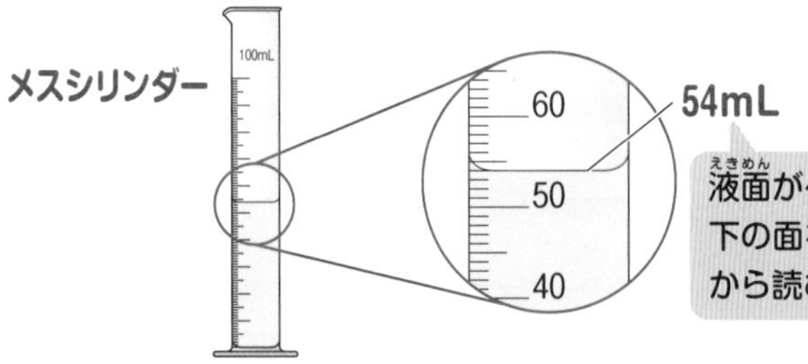

メスシリンダー
100mL
60
50
40
54mL

液面(えきめん)がへこんだ下の面を、真横から読む。

⑰

電磁石

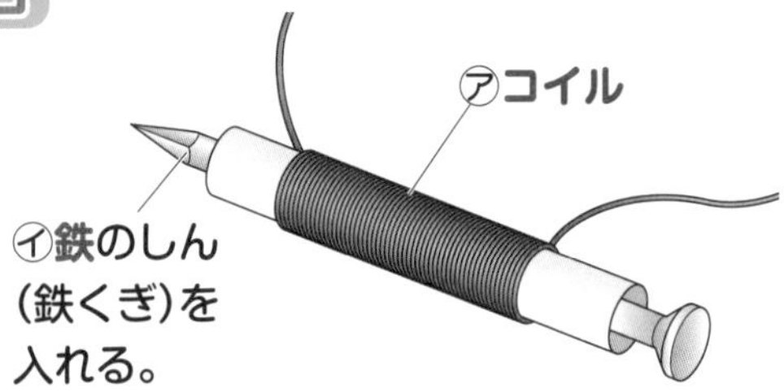

㋐コイル
㋑鉄のしん
(鉄くぎ)を
入れる。

⑳

ふりこ

ふりこの長さが長いほど１往復する時間が長くなるよ！

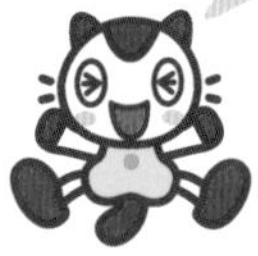

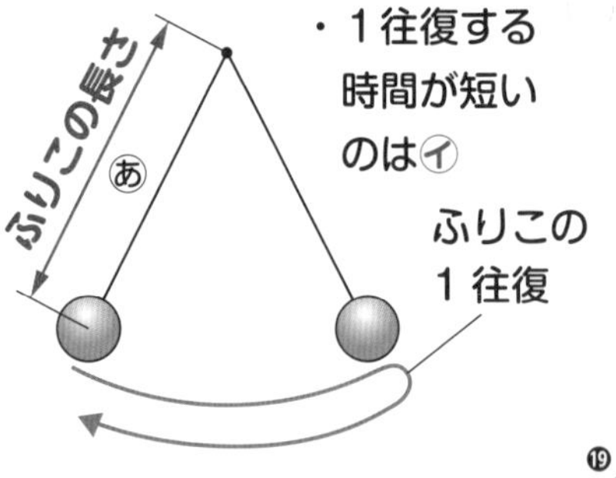

ふりこの長さ
[あ]
ふりこの
１往復

- １往復する時間が短いのは㋑

⑲

電磁石の強さ

かん電池２つを直列つなぎにすると、電流は大きくなるよ。

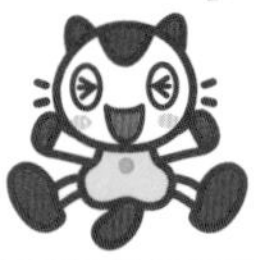

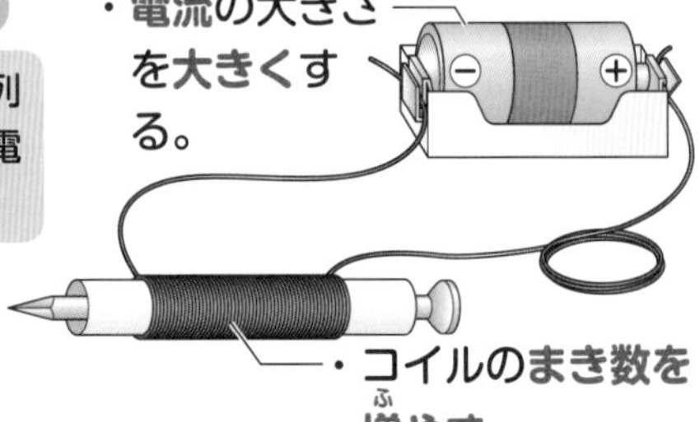

- 電流の大きさを大きくする。
- コイルのまき数を増(ふ)やす。

㉒

電磁石の極

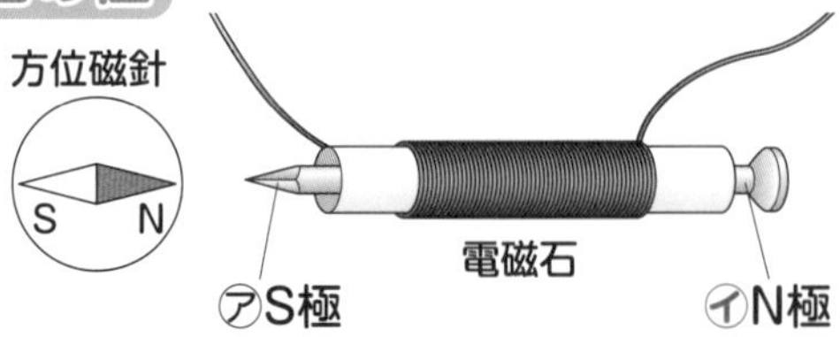

方位磁針
S
N
電磁石
㋐S極
㋑N極

- 電流の向きが逆になると、電磁石のＮ極とＳ極が反対になる。

㉑

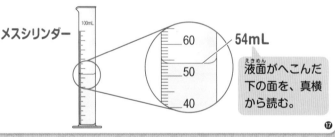

わくわくシール

★学習が終わったら、ページの上に好きなふせんシールをはろう。
　がんばったページやあとで見直したいページなどにはってもいいよ。
★実力判定テストが終わったら、まんてんシールをはろう。

ふせんシール

まんてんシール

いろい

ブドウ

レーズンは、ブドウを
かんそうさせたものだよ。

夏

花

秋

ミカンのなかまは、
かんきつ類とよばれるよ

ミカン

種子

実

たねなしブドウは、
薬を使って
種子ができない
ようにしているんだ。

夏

花

愛媛県の「県の花」に選ばれているよ。

種子

リンゴ

春

青森県の「県の花」に
選ばれているよ。

秋

花

実にふくろをかけて育てると、
色がきれいになるよ。

ふくろをかけないで育てると、
日光が当たってあまくなるんだ。

名前が「サン」で始まるリンゴは、
ふくろをかけないで育てた
ものだよ。

ここは、花たく（花しょう）というよ。

実

種子

リンゴのしんの部分が
実なんだよ。

ウ
種
品

ろな花と実①

実は、「野菜」に分類されるよ。

イチゴ

花

実

これは実じゃないから、中に種子はないよ。
花たく（花しょう）というんだ。

種子のように見えるツブツブの1つ1つがイチゴの実なんだ。

秋

実

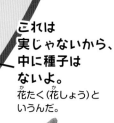

ンシュウミカンは
子ができにくい
種なんだ。

バナナ

花

もともとバナナには
種子があったんだ。
野生のバナナには
種子が見られるよ。

これは花じゃないよ。
花をつつんでいるんだ。

種子のなごり

実

じゅくすと
黄色くなるよ。

教科書ワーク **もくじ**

学校図書版 **理科5年**

▶動画 コードを読みとって、下の番号の動画を見てみよう。

●写真提供：アーテファクトリー、アフロ、気象庁、ウェザーマップ、PIXTA
●動画提供：アフロ

勉強した日　月　日

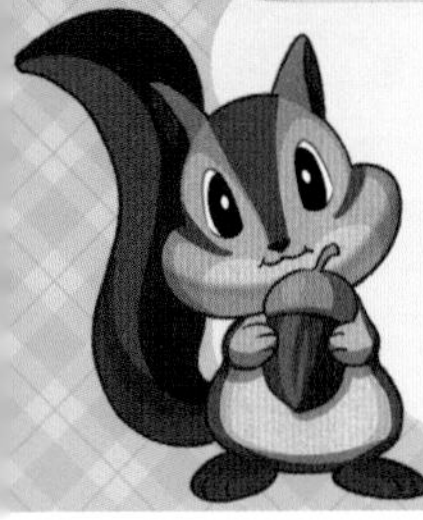

1　ふりこが1往復する時間

基本のワーク

教科書　6～11ページ　答え　1ページ

学習の目標
ふりこのつくりと、1往復する時間の求め方を理解しよう。

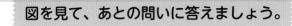

図を見て、あとの問いに答えましょう。

1　ふりこ

支点（してん）からひもでおもりをつるし、ゆらせるようにしたものを「ふりこ」という。

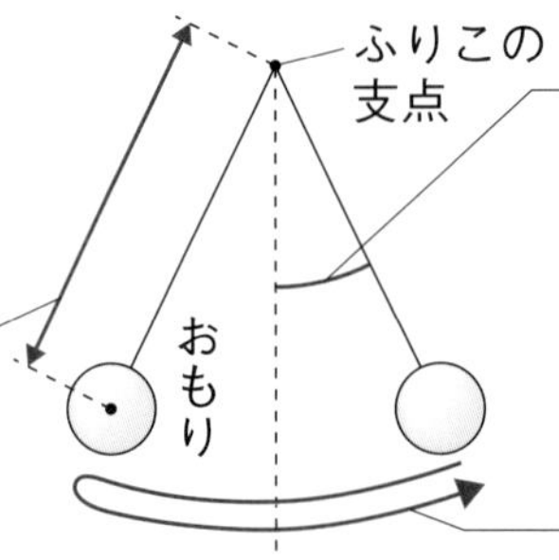

ふりこの支点
②
おもり
ふりこの①
（支点からおもりの中心までの長さ）
1③

● ①～③の□に当てはまる言葉を書きましょう。

2　ふれはばを変えたときの、ふりこが1往復（おうふく）する時間

[1] ふりこが10往復する時間を5回調べる。

[2] 1往復する時間を求める。
（10往復する時間）÷10
＝（1往復する時間）

↓

同じふりこでは、
ふれはばが変わっても
1往復する時間は
⑪（ 同じ　ちがう ）。

ふりこを角度30°のところからふり始めたとき
（長さ50cm、おもり10g）

	1回目	2回目	3回目	4回目	5回目
10往復する時間（秒）	13.92	14.08	14.01	13.98	13.90
1往復する時間（秒）	①	②	③	④	⑤

ふりこを角度15°のところからふり始めたとき
（長さ50cm、おもり10g）

	1回目	2回目	3回目	4回目	5回目
10往復する時間（秒）	13.97	14.11	13.98	14.07	14.03
1往復する時間（秒）	⑥	⑦	⑧	⑨	⑩

(1)　表の①～⑩に当てはまる数字を、小数第2位以下を四捨五入（ししゃごにゅう）して書きましょう。

(2)　1往復する時間はどうなりますか。⑪の（　）のうち、正しい方を◯で囲（かこ）みましょう。

まとめ　〔 時間　ふれはば 〕から選んで（　）に書きましょう。

●同じふりこでは、①（　　　　）にちがいがあっても、ふりこが1往復する②（　　　　）は変わらない。

わくわくたんてい団　ふりこによって1往復する時間が決まっていることを発見したのはガリレオ・ガリレイです。教会のランプが、ゆれの大きさによらず一定の時間で1往復していることに気づきました。

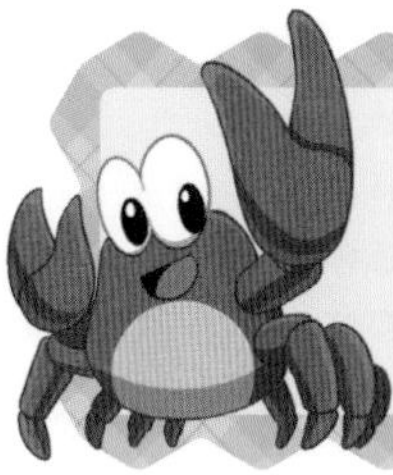

練習のワーク

できた数　/16問中

教科書　6～11ページ　答え　1ページ

1　**右の図のように、ひもでおもりをつるしてゆらし、左右にふれ続けるようにしました。次の問いに答えましょう。**

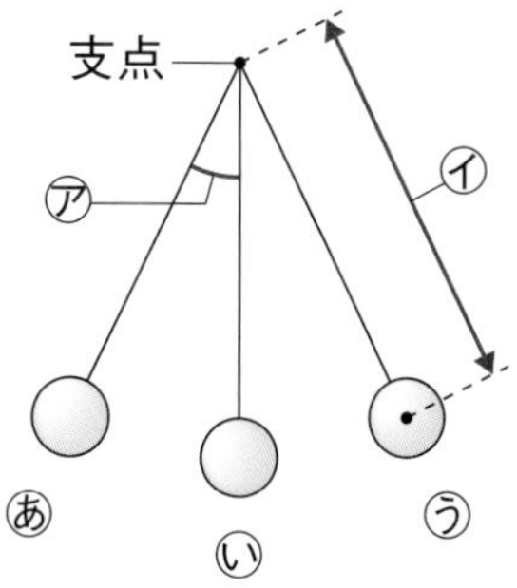

(1)　このように、おもりを一点で支え、ゆらせるようにしたものを何といいますか。（　　　　）

(2)　図の㋐のはばを何といいますか。（　　　　）

(3)　図の㋑の長さを何といいますか。（　　　　）

(4)　1往復を表しているものを、次のア～ウから選びましょう。（　　　　）

ア　おもりが[あ]→[い]と動いたとき　　イ　おもりが[あ]→[い]→[う]と動いたとき

ウ　おもりが[あ]→[い]→[う]→[い]→[あ]と動いたとき

2　**角度30°のところからふり始めたふりこが1往復する時間を調べるために、10往復する時間を5回計ったところ、表のような結果になりました。あとの問いに答えましょう。**

	1回目	2回目	3回目	4回目	5回目
10往復する時間（秒）	13.96	13.98	14.02	13.88	14.23
1往復する時間（秒）	①	②	③	④	⑤

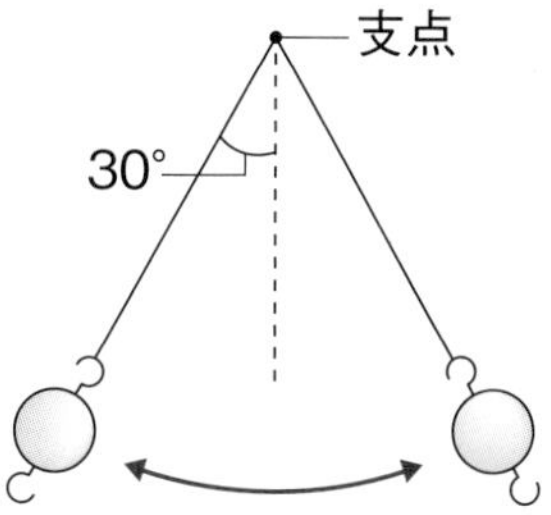

(1)　表の結果から、ふりこが1往復する時間をそれぞれ計算して、表の①～⑤に書きましょう。ただし、答えは小数第2位以下を四捨五入して、小数第1位まで求めましょう。

(2)　この実験のように、10往復する時間を計った結果から1往復する時間を計算して求めるのはなぜですか。正しい方に○をつけましょう。

①（　　　）1往復する時間は短くて計りにくいから。

②（　　　）1往復する時間は毎回変化しているから。

(3)　次に、同じふりこを角度15°のところからふり始め、10往復する時間を5回計ると、表のような結果になりました。(1)と同じように、ふりこが1往復する時間を⑥～⑩に書きましょう。

	1回目	2回目	3回目	4回目	5回目
10往復する時間（秒）	14.09	14.21	13.90	14.13	13.87
1往復する時間（秒）	⑥	⑦	⑧	⑨	⑩

(4)　(1)と(3)の結果から、同じふりこでふり始めの角度を変えたとき、ふりこが1往復する時間はどのようになることがわかりますか。（　　　　）

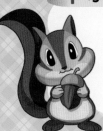

2 ふりこの法則①

基本のワーク

学習の目標
ふりこが１往復する時間は、ふりこの長さに関係することを知ろう。

教科書 12〜19ページ　答え 1ページ

図を見て、あとの問いに答えましょう。

1 ふりこが１往復する時間と関係する条件（じょうけん）

調べること	ふれはば	ふりこの長さ	おもりの重さ
調べる（変える）条件	①	④	⑦
そろえる条件	② ③	⑤ ⑥	⑧ ⑨

● ふりこが｜往復する時間が何に関係しているかを調べる実験で、調べる（変える）条件とそろえる条件は何ですか。それぞれ下の〔　〕から選んで①〜⑨の□に書きましょう。
〔 ふれはば　ふりこの長さ　おもりの重さ 〕

調べる条件だけを変えて、他の条件はすべて同じにするよ。

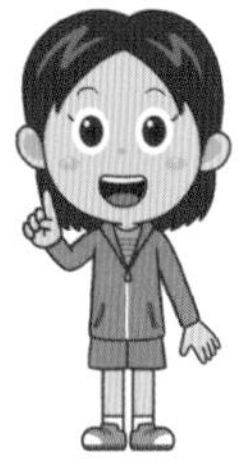

2 ふりこの長さと１往復する時間の関係

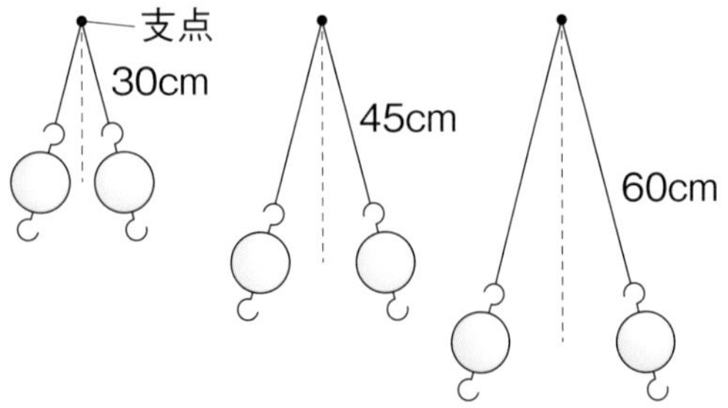

ふりこの長さ	1回目	2回目	3回目	4回目	5回目
30cm	1.1秒	1.1秒	1.2秒	1.1秒	1.2秒
45cm	1.4秒	1.3秒	1.3秒	1.3秒	1.3秒
60cm	1.6秒	1.7秒	1.6秒	1.6秒	1.6秒

調べる（変える）条件	そろえる条件
・ふりこの長さ	・ふれはば ・おもりの重さ

ふりこの長さを長くすると、ふりこが１往復する時間は①（ 短くなる　長くなる ）。

● ふりこの長さを変えて実験を行います。①の（　）のうち、正しい方を◯で囲みましょう。

まとめ　〔 長い　変える 〕から選んで（　）に書きましょう。

● 実験を行うときは、調べる条件だけを①（　　　　）。
● ふりこの長さが②（　　　　）ほど、ふりこが１往復する時間は長くなる。

わくわくたんてい団　メトロノームはふりこを利用しています。テンポを速くするときはおもりを下げてふりこの長さを短くし、おそくするときはおもりを上げてふりこの長さを長くします。

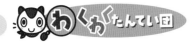

教科書 12～19ページ　　答え 1ページ

1 右の図の㋐、㋑の2つのふりこを用意し、ふりこが1往復する時間を比べました。次の問いに答えましょう。

(1) ㋐と㋑のふりこで、次の①～③の条件はそろえていますか、変えていますか。

① ふれはば

（　　　　　　　）

② ふりこの長さ

（　　　　　　　）

③ おもりの重さ

（　　　　　　　）

㋐　　　　　　　　　　　㋑

角度板　　支点

10g　　　　　　　　　　10g

(2) ㋐と㋑の結果を比べることで、何の条件とふりこが1往復する時間との関係を調べることができますか。

（　　　　　　　　　　　　　　　　）

2 ふりこが1往復する時間がふりこの長さに関係しているかどうかを、次の図のようにして調べました。表は、その結果をまとめたものです。あとの問いに答えましょう。

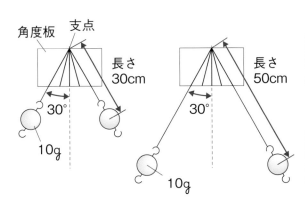

角度板　支点　　長さ30cm　　　　長さ50cm

30°　　　　30°

10g　　　10g

〈ふりこの長さ30cm〉

	1回目	2回目	3回目	4回目	5回目
1往復する時間	1.1秒	1.1秒	1.1秒	1.2秒	1.1秒

〈ふりこの長さ50cm〉

	1回目	2回目	3回目	4回目	5回目
1往復する時間	1.4秒	1.4秒	1.4秒	1.4秒	1.4秒

(1) ふりこが1往復する時間がふりこの長さに関係しているかどうかを調べるとき、そろえる条件はふれはばと何ですか。正しい方に〇をつけましょう。

①（　　　　）ふりこの長さ

②（　　　　）おもりの重さ

(2) この実験から、ふりこの長さはふりこが1往復する時間に関係するといえますか。

（　　　　　　　　　　　　　　　　）

(3) ふりこの長さを長くすると、ふりこが1往復する時間はどのようになりますか。次のア～ウから選びましょう。

（　　　　　　　）

ア 長くなる。　　イ 短くなる。　　ウ 変わらない。

記述▶ (4) ふりこが1往復する時間を短くするには、ふりこの長さをどのようにすればよいですか。

（　　　　　　　　　　　　　　　　　　　　）

5

勉強した日 ▶ 月 日

2 ふりこの法則②

基本のワーク

学習の目標
ふりこが1往復する時間はおもりの重さと関係がないことを知ろう。

教科書 12〜19ページ 答え 2ページ

図を見て、あとの問いに答えましょう。

1 おもりの重さと1往復する時間の関係

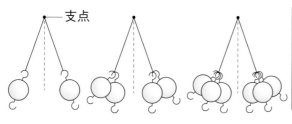

ー支点

おもりの重さ	1回目	2回目	3回目	4回目	5回目
10g	1.4秒	1.4秒	1.4秒	1.5秒	1.4秒
20g	1.3秒	1.4秒	1.4秒	1.4秒	1.4秒
30g	1.4秒	1.4秒	1.5秒	1.4秒	1.5秒

調べる条件
・おもりの重さ

そろえる条件
・ふれはば
・ふりこの① □

おもりの重さを重くしても、ふりこが
1往復する時間は②(変わる 変わらない)。

(1) ①の □ に当てはまる言葉を書きましょう。

(2) ②の( )のうち、正しい方を◯で囲みましょう。

2 ふりこを利用したもの

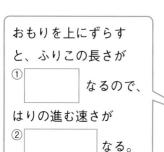

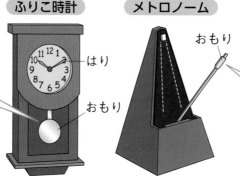

ふりこ時計

おもりを上にずらすと、ふりこの長さが
① □ なるので、
はりの進む速さが
② □ なる。

11 12 1
10   2
9   3
8   4
7 6 5

ーはり

ーおもり

メトロノーム

おもり

おもりを上にずらすと、ふりこの長さが
③ □ なるので、
ふれる速さが
④ □ なる。

● ①〜④の □ に当てはまる言葉を、下の〔 〕から選んで書きましょう。
〔 長く 短く 速く おそく 〕

まとめ 〔 重さ 長さ 〕から選んで( )に書きましょう。

●ふりこの①( )が同じなら、おもりの②( )やふれはばを変えても、ふりこが1往復する時間は変わらない。

わくわくたんてい団 ふりこ時計のはりは、ぜんまいばねなどを使って動かします。時計のはりの進む速さは、一定の時間でふれるふりこを使って調整します。

勉強した日　　月　　日

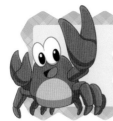

練習のワーク

できた数　　／8問中

教科書　12~19ページ　　答え　2ページ

1　次の図のようなふりこを用意し、㋐～㋕のようにしてふりこが１往復する時間を比べました。あとの問いに答えましょう。

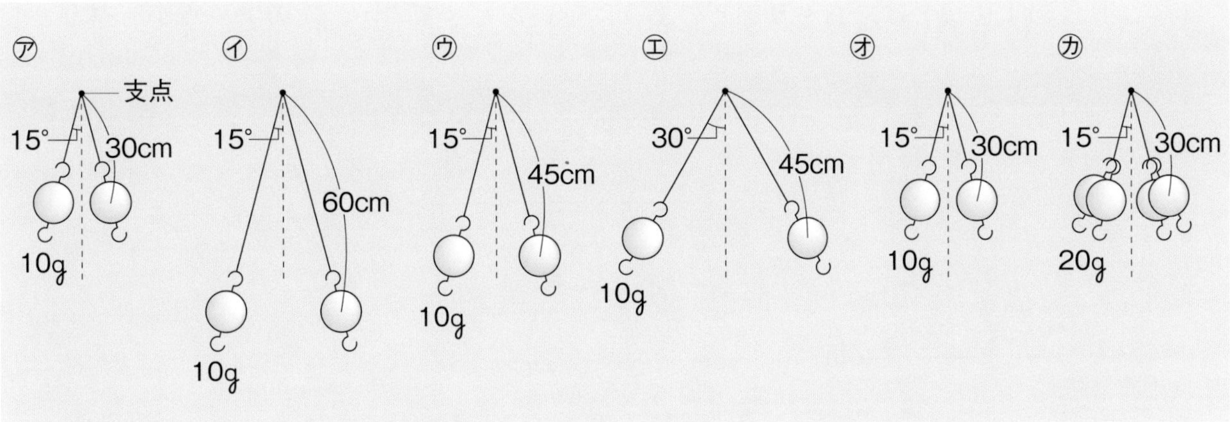

(1)　図の㋐と㋑のふりこを、㋐のふりこの長さを30cm、㋑のふりこの長さを60cmにしてふりました。次の①、②に答えましょう。

①　㋐と㋑の結果を比べると、ふりこが１往復する時間と何との関係を調べることができますか。正しいものに○をつけましょう。

[あ](　　　)ふりこの長さ　[い](　　　)おもりの重さ　[う](　　　)ふれはば

②　ふりこが１往復する時間はどのようになりますか。正しいものに○をつけましょう。

[あ](　　　)㋐の方が長い。　[い](　　　)㋑の方が長い。　[う](　　　)同じ時間になる。

(2)　図の㋒と㋓のふりこを、㋒は角度15°のところからふり始め、㋓は角度30°のところからふり始めました。次の①、②に答えましょう。

①　㋒と㋓の結果を比べると、ふりこが１往復する時間と何との関係を調べることができますか。正しいものに○をつけましょう。

[あ](　　　)ふりこの長さ　[い](　　　)おもりの重さ　[う](　　　)ふれはば

②　ふりこが１往復する時間はどのようになりますか。正しいものに○をつけましょう。

[あ](　　　)㋒の方が長い。　[い](　　　)㋓の方が長い。　[う](　　　)同じ時間になる。

(3)　図の㋔と㋕のふりこを、㋔のおもりを10g、㋕のおもりを20gにしてふりました。次の①、②に答えましょう。

①　㋔と㋕の結果を比べると、ふりこが１往復する時間と何との関係を調べることができますか。正しいものに○をつけましょう。

[あ](　　　)ふりこの長さ　[い](　　　)おもりの重さ　[う](　　　)ふれはば

②　ふりこが１往復する時間はどのようになりますか。正しいものに○をつけましょう。

[あ](　　　)㋔の方が長い。　[い](　　　)㋕の方が長い。　[う](　　　)同じ時間になる。

(4)　㋐～㋕の実験の結果から、ふりこが１往復する時間は、何によって変わることがわかりますか。

(　　　　　　　　)

(5)　㋐～㋕の実験の結果からわかる法則(ほうそく)を何といいますか。

(　　　　　　　　)

まとめのテスト

1 ふりこの運動

時間 **20** 分

得点 /100点

教科書 6〜19ページ 答え 2ページ

---

1 ふりこ ふりこが1往復する時間を調べました。次の問いに答えましょう。 1つ6〔24点〕

(1) ふりこの1往復とは、おもりがどのように動いたときですか。次の㋐〜㋒から選びましょう。 （ 　 ）

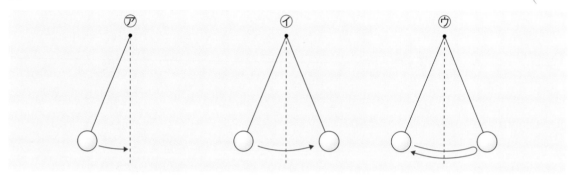

(2) ふりこが1往復する時間の求め方として正しいものを、次のア〜ウから選びましょう。 （ 　 ）

ア　ふりこが1往復する時間を1回だけ計る。

イ　ふりこが1往復する時間を3回計り、時間が最も短いものを選ぶ。

ウ　ふりこが10往復する時間を10でわって1往復する時間を求める。

(3) ふりこが10往復する時間を5回計ったところ、次のような結果になりました。

1回目	2回目	3回目	4回目	5回目
18.11秒	17.84秒	18.23秒	17.96秒	18.07秒

① 1回目のときに、ふりこが1往復するのにかかった時間は何秒ですか。小数第2位以下を四捨五入して、小数第1位まで求めましょう。 （ 　 ）

② このふりこが1往復する時間は何秒であるといえますか。小数第2位以下を四捨五入して、小数第1位まで求めましょう。 （ 　 ）

---

2 ふりこの利用 ふりこについて、次の問いに答えましょう。 1つ5〔10点〕

(1) ふりこを利用したものを、㋐〜㋒から選びましょう。 （ 　 ）

㋐

㋑

㋒
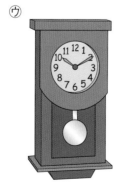

作図 (2) (1)で選んだもので、ふりこのおもりにあたる部分をぬりましょう。

3 【ふりこが1往復する時間】 ふりこが1往復する時間は、何によって変わるかを調べるため、次の表の**1**〜**3**のように、おもりの重さ、ふれはば（角度）、ふりこの長さを変えて1往復する時間を3回ずつ求めました。あとの問いに答えましょう。

1つ6〔66点〕

1 おもりの重さ	支点 おもりの重さを、10g、20g、30gと変える。	そろえる条件	おもりの重さ	1回目（秒）	2回目（秒）	3回目（秒）
		①（　　　　）	10g	2.0	2.0	2.0
		②（　　　　）	20g	2.0	2.0	2.0
			30g	2.0	2.0	2.0

2 ふれはば	支点 20° 40° 60° ふり始めの角度を、20°、40°、60°と変える。	そろえる条件	ふり始めの角度	1回目（秒）	2回目（秒）	3回目（秒）
		③（　　　　）	20°	2.0	2.0	2.0
		④（　　　　）	40°	2.0	2.0	2.0
			60°	2.0	2.0	2.0

3 ふりこの長さ	支点 40cm 70cm 100cm ふりこの長さを、40cm、70cm、100cmと変える。	そろえる条件	ふりこの長さ	1回目（秒）	2回目（秒）	3回目（秒）
		⑤（　　　　）	40cm	1.2	1.2	1.2
		⑥（　　　　）	70cm	1.7	1.7	1.7
			100cm	2.0	2.0	2.0

(1) **1**〜**3**でそろえる条件は何ですか。次のア〜ウからそれぞれ選び、表の①〜⑥の（　）に書きましょう。

　　ア　おもりの重さ　　イ　ふれはば　　ウ　ふりこの長さ

(2) ふりこが1往復する時間は、おもりの重さによって変わりますか。

（　　　　　　　　　　）

(3) ふりこが1往復する時間は、ふれはばによって変わりますか。

（　　　　　　　　　　）

(4) ふりこが1往復する時間は、ふりこの長さによって変わりますか。

（　　　　　　　　　　）

(5) ふりこがもつ(2)〜(4)のような法則を、何といいますか。

（　　　　　　　　　　）

記述▶ (6) ふりこが1往復する時間を長くするには、どのようにすればよいことがわかりますか。

（

1　種子が発芽する条件①

基本のワーク

学習の目標・
種子の発芽には、水が必要であることを確にんしよう。

教科書　20〜27ページ　　答え　3ページ

図を見て、あとの問いに答えましょう。

1 インゲンマメの芽生え

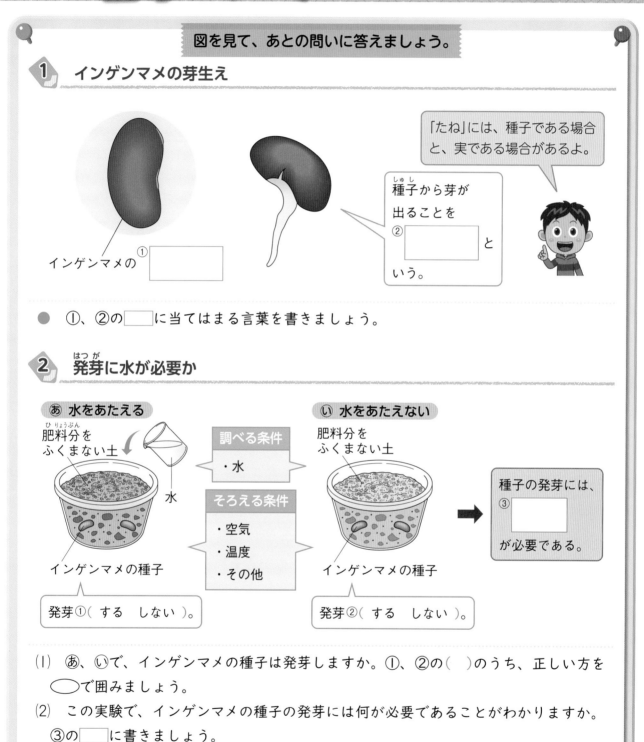

「たね」には、種子である場合と、実である場合があるよ。

インゲンマメの①[　　　]

種子から芽が
出ることを
②[　　　]と
いう。

● ①、②の[　]に当てはまる言葉を書きましょう。

2 発芽に水が必要か

あ 水をあたえる
肥料分を
ふくまない土
水
インゲンマメの種子

調べる条件
・水

そろえる条件
・空気
・温度
・その他

い 水をあたえない
肥料分を
ふくまない土
インゲンマメの種子

種子の発芽には、
③[　　　]
が必要である。

発芽①（ する　しない ）。

発芽②（ する　しない ）。

⑴　あ、いで、インゲンマメの種子は発芽しますか。①、②の（ ）のうち、正しい方を
　　◯で囲みましょう。

⑵　この実験で、インゲンマメの種子の発芽には何が必要であることがわかりますか。
　　③の[　]に書きましょう。

まとめ　〔 水　発芽　種子 〕から選んで（ ）に書きましょう。
●①（　　　　　）から芽が出ることを②（　　　　　）という。
●インゲンマメの種子の発芽には③（　　　　　）が必要である。

ヒマワリのたねとよんでいるものは、種子ではなく実です。実のすぐ内側に白い種子ができます。ヒマワリの花は、花がたくさん集まっていて、実があまり大きくなりません。

練習のワーク

できた数　/12問中

教科書 20～27ページ　答え 3ページ

1 次の写真は、インゲンマメの種子が芽を出した後のようすです。あとの問いに答えましょう。

㋐

㋑

㋒

(1) 植物の種子から芽が出ることを何といいますか。　(　　　　)

(2) ㋐～㋒を、インゲンマメの種子が芽を出して育っていく順にならべましょう。

(　　　→　　　→　　　)

2 次の図のように、肥料分をふくまない土にまいたインゲンマメの種子に水をあたえないもの(㋐)と、水をあたえるもの(㋑)を用意して、発芽するかどうかを調べました。あとの問いに答えましょう。

㋐
㋑
インゲンマメの種子
かわいた土
しめらせた土

調べる条件とそろえる条件は？

(1) この実験では、種子の発芽と何の条件との関係を調べようとしていますか。次のア～エから選びましょう。　(　　　)

ア　空気の条件　　イ　温度の条件　　ウ　水の条件　　エ　明るさの条件

(2) この実験で、①～⑥の条件は㋐と㋑で変えますか、そろえますか。

① 水の条件　(　　　　)
② 温度の条件　(　　　　)
③ 空気の条件　(　　　　)
④ 明るさの条件　(　　　　)
⑤ 容器(ようき)の形や大きさの条件　(　　　　)
⑥ 土の種類や量の条件　(　　　　)

調べる条件だけを変えるんだったね。

(3) 図の㋐、㋑の種子はそれぞれ発芽しますか、発芽しませんか。

㋐(　　　　)　㋑(　　　　)

(4) この実験から、インゲンマメの種子が発芽するためには何が必要であることがわかりますか。　(　　　　)

学習の目標
種子の発芽には、空気や適当な温度が必要であることを理解しよう。

1　種子が発芽する条件②

基本のワーク

教科書 20～27ページ　　答え 3ページ

図を見て、あとの問いに答えましょう。

1　発芽に適当な温度が必要か

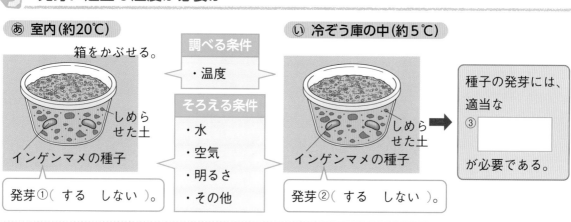

あ 室内(約20℃)
箱をかぶせる。
しめらせた土
インゲンマメの種子
発芽①(する　しない)。

調べる条件
・温度

そろえる条件
・水
・空気
・明るさ
・その他

い 冷ぞう庫の中(約5℃)
しめらせた土
インゲンマメの種子
発芽②(する　しない)。

種子の発芽には、適当な
③ [　　　]
が必要である。

(1) あ、いで、インゲンマメの種子は発芽しますか。①、②の( )のうち、正しい方を○で囲みましょう。

(2) この実験で、インゲンマメの種子の発芽には何が必要であることがわかりますか。③の[　]に書きましょう。

2　発芽に空気が必要か

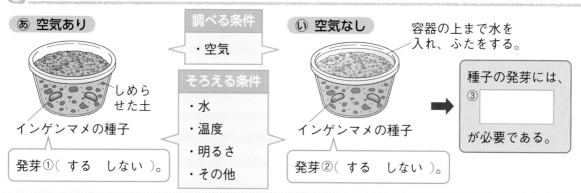

あ 空気あり
しめらせた土
インゲンマメの種子
発芽①(する　しない)。

調べる条件
・空気

そろえる条件
・水
・温度
・明るさ
・その他

い 空気なし
容器の上まで水を入れ、ふたをする。
インゲンマメの種子
発芽②(する　しない)。

種子の発芽には、
③ [　　　]
が必要である。

(1) あ、いで、インゲンマメの種子は発芽しますか。①、②の( )のうち、正しい方を○で囲みましょう。

(2) この実験で、インゲンマメの種子の発芽には何が必要であることがわかりますか。③の[　]に書きましょう。

まとめ　〔 空気　温度 〕から選んで( )に書きましょう。

● インゲンマメの種子が発芽するためには、水以外にも①(　　　　　　　)や適当な
②(　　　　　　　)が必要である。

わくわくたんてい団　インゲンマメの種子は、食品(豆)として世界中で食べられています。種子の色やもようがちがういくつかの種類があり、日本では金時豆、うずら豆などの食品名でよばれています。

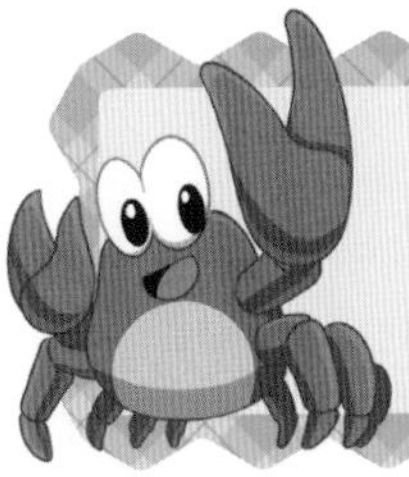

練習のワーク

教科書　20～27ページ　答え　3ページ

できた数　　/13問中

1　**肥料分をふくまない土を入れた容器に同じ数のインゲンマメの種子をまき、㋐は冷ぞう庫の中に入れ、㋑は室内に置いて、発芽するかどうかを調べました。次の問いに答えましょう。**

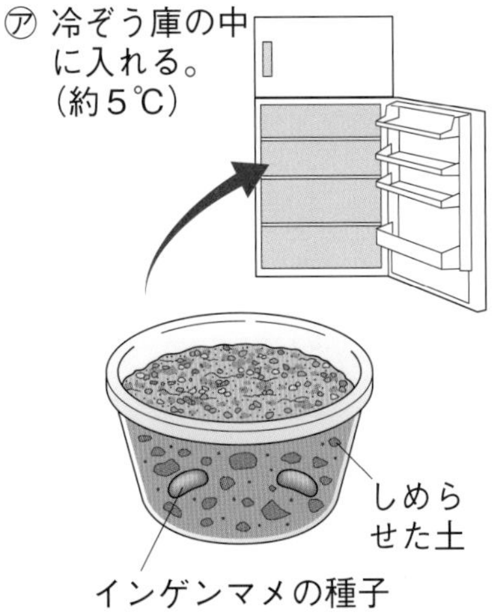

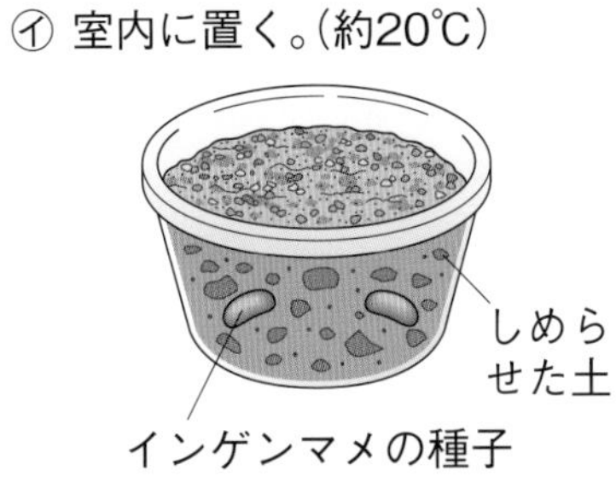

(1)　この実験では、発芽と何の条件との関係を調べようとしていますか。次のア～ウから選びましょう。（　　　）

ア　水の条件　　　イ　温度の条件

ウ　空気の条件

(2)　この実験をするときに、㋐と㋑でそろえる条件を(1)のア～ウからすべて選びましょう。（　　　）

(3)　冷ぞう庫の中は、戸をしめると明るさがどのようになりますか。（　　　）

[記述] (4)　(3)のことから、条件をそろえるために㋑にしなければならないことは何ですか。

（　　　）

(5)　㋐、㋑の種子はそれぞれ発芽しますか、発芽しませんか。

㋐（　　　）

㋑（　　　）

(6)　この実験で、インゲンマメの種子が発芽するためには何が必要であることがわかりますか。（　　　）

2　**肥料分をふくまない土を入れた容器に同じ数のインゲンマメの種子をまき、㋐は土をしめらせ、㋑は容器の上まで水を入れてふたをして、発芽するかどうかを調べました。次の問いに答えましょう。**

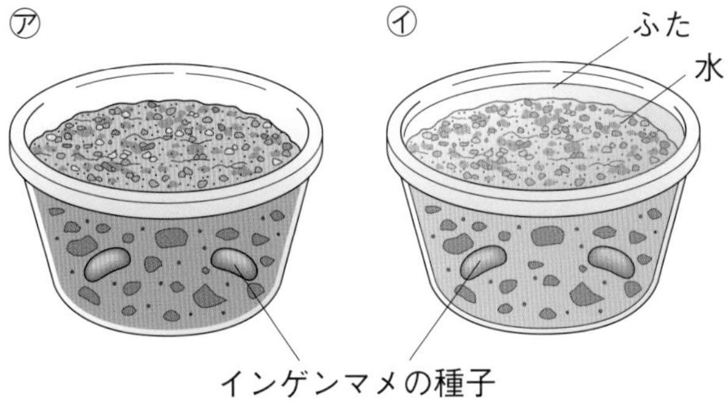

(1)　この実験では、発芽と何の条件との関係を調べようとしていますか。次のア～エから選びましょう。（　　　）

ア　水の条件　　　イ　温度の条件

ウ　空気の条件　　エ　明るさの条件

(2)　この実験をするときに、㋐と㋑でそろえる条件を(1)のア～エからすべて選びましょう。（　　　）

(3)　㋑で容器の上まで水を入れたのはなぜですか。（　）に当てはまる言葉を書きましょう。

種子を（　　　）にふれさせないようにするため。

(4)　㋐、㋑の種子はそれぞれ発芽しますか、発芽しませんか。　㋐（　　　）

㋑（　　　）

(5)　この実験で、インゲンマメの種子が発芽するためには何が必要であることがわかりますか。

（　　　）

まとめのテスト①

2 種子の発芽と成長

時間 20分

得点 /100点

教科書 20〜27ページ 答え 4ページ

1 実験の計画 インゲンマメの種子が芽を出すために何が必要かを調べる実験の計画を立てました。次の問いに答えましょう。 1つ4〔12点〕

(1) 種子が芽を出すことを何といいますか。漢字2文字で書きましょう。 （　　　　　）

(2) 肥料分をふくまない土に同じ数の種子をまいた容器を2つ用意して、芽を出すために水が必要かどうかを調べることにしました。このとき、2つの容器で変える条件は何ですか。次のア〜ウから選びましょう。 （　　　　　）

　　ア　水の条件　　　イ　温度の条件　　　ウ　空気の条件

(3) (2)で選んだ条件以外を変えたとき、正しく調べることができますか。

　　　　　　　　　　　　　　　　　　　　　　　　　　　　　　　（　　　　　）

2 発芽の条件 右の図のように、肥料分をふくまない土にインゲンマメの種子をまき、㋐だけに水をあたえました。次の問いに答えましょう。 1つ4〔12点〕

(1) ㋐、㋑はそれぞれ発芽しますか。

　　　　　　　　　　㋐（　　　　　）

　　　　　　　　　　㋑（　　　　　）

(2) この実験から、インゲンマメの種子が発芽するためには何が必要であることがわかりますか。

　　　　　　　（　　　　　）

㋐ 水をあたえる。　　㋑ 水をあたえない。

水　　種子

3 発芽の条件 右の図のように、肥料分をふくまない土にインゲンマメの種子をまき、㋐は箱をかぶせて室内に置き、㋑は冷ぞう庫の中に入れました。次の問いに答えましょう。

1つ4〔24点〕

(1) ㋐と㋑で変えている条件を、次のア〜ウから選びましょう。 （　　　　　）

　　ア　水の条件

　　イ　温度の条件

　　ウ　空気の条件

(2) ㋐と㋑でそろえている条件は何ですか。(1)のア〜ウからすべて選びましょう。（完答） （　　　　　）

記述 (3) ㋐の容器に箱をかぶせたのはなぜですか。

　　（　　　　　　　　　　　　　　　　　　　　　　　　）

(4) この実験で、㋐、㋑はそれぞれ発芽しますか。 ㋐（　　　　　）

　　　　　　　　　　　　　　　　　　　　　　　　　　㋑（　　　　　）

(5) この実験から、インゲンマメの種子が発芽するためには何が必要であることがわかりますか。

　　　　　　　　　　　　　　　　　　　　　　　　　　　　　　　（　　　　　）

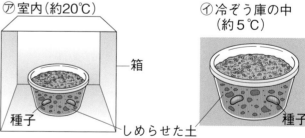

㋐室内（約20℃）　　㋑冷ぞう庫の中（約5℃）

箱　　種子　　しめらせた土　　種子

よく出る

4 [発芽の条件] 次の図の㋐～㋔のように条件を変えて、肥料分をふくまない土にインゲンマメの種子をまき、発芽するかどうかを調べました。あとの問いに答えましょう。 1つ3〔42点〕

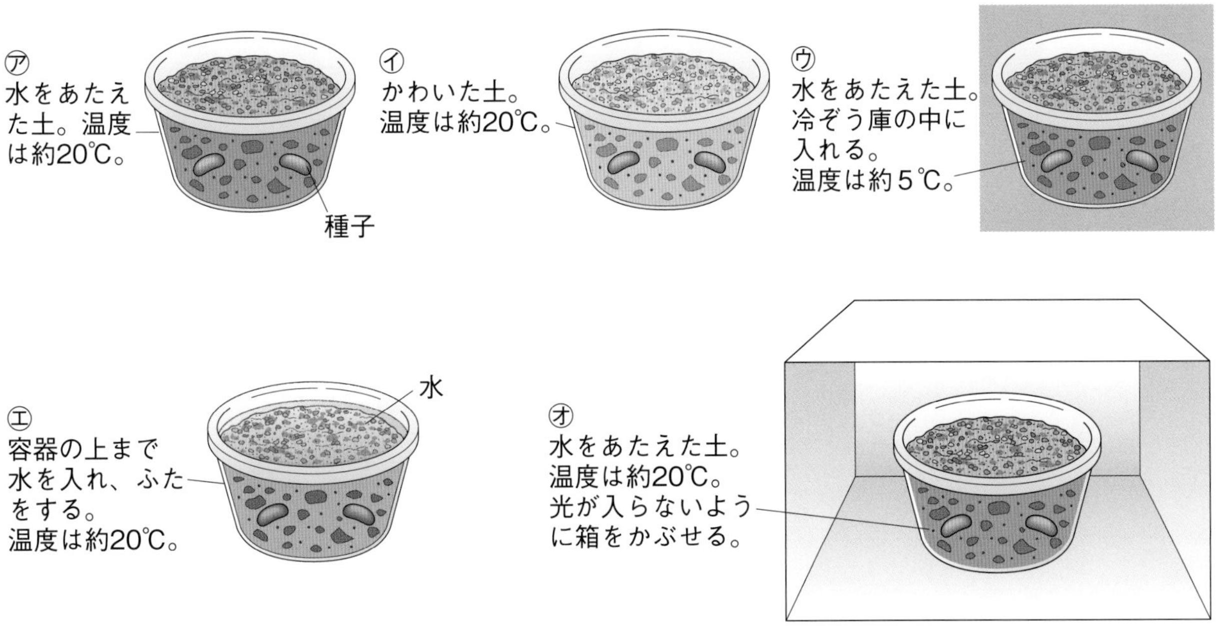
㋐
水をあたえた土。温度は約20℃。
種子
㋑
かわいた土。温度は約20℃。
㋒
水をあたえた土。冷ぞう庫の中に入れる。温度は約５℃。
㋓
容器の上まで水を入れ、ふたをする。温度は約20℃。
水
㋔
水をあたえた土。温度は約20℃。光が入らないように箱をかぶせる。

(1) ㋐～㋔の種子はそれぞれ発芽しますか、発芽しませんか。

㋐(　　　　　)　㋑(　　　　　)　㋒(　　　　　)

㋓(　　　　　)　㋔(　　　　　)

(2) 水をあたえていない種子は、㋐～㋔のどれですか。 (　　)

(3) 発芽に水が必要かどうかを調べたいときは、㋐～㋔のどれとどれを比べればよいですか。

(　　と　　)

(4) 適当な温度の場所に置かれていない種子は、㋐～㋔のどれですか。 (　　)

(5) 発芽に適当な温度が必要かどうかを調べたいときは、㋐～㋔のどれとどれを比べればよいですか。 (　　と　　)

(6) 空気にふれていない種子は、㋐～㋔のどれですか。 (　　)

(7) 発芽に空気が必要かどうかを調べたいときは、㋐～㋔のどれとどれを比べればよいですか。

(　　と　　)

(8) 実験の結果からわかる、発芽に必要な３つの条件を書きましょう。

(　　　　　)(　　　　　)(　　　　　)

5 [発芽の条件] 発芽に必要な条件について、次の問いに答えましょう。 1つ5〔10点〕

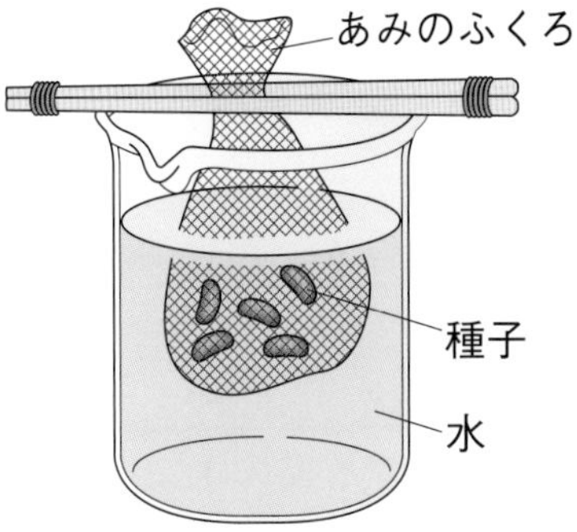
あみのふくろ
種子
水

(1) 右の図のように、水につけたインゲンマメの種子は、発芽しませんでした。これは何の条件が足りないからですか。次のア～ウから選びましょう。 (　　)

ア　水の条件　　イ　温度の条件　　ウ　空気の条件

チャレンジ!

(2) このインゲンマメの種子にあることをすると、発芽します。何をすればよいですか。

(　　　　　　　　)

2 種子のつくりと養分

基本のワーク

学習の目標
子葉には、発芽のための養分がふくまれることを理解しよう。

教科書 28〜31ページ　答え 4ページ

図を見て、あとの問いに答えましょう。

1 種子のつくり

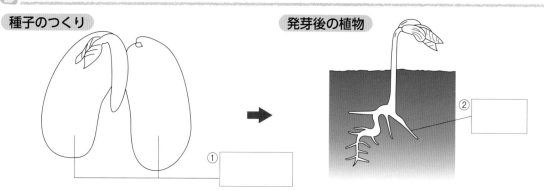

種子のつくり　　　　　　　　　　　　発芽後の植物

②□

①□

(1) ①、②の□に、種子や植物の部分の名前を書きましょう。

(2) 種子のつくりの図で、根・くき・葉になる部分をぬりましょう。

(3) ①の部分は、発芽後の植物のどの部分になりますか。発芽後の植物の図にぬりましょう。

2 インゲンマメの種子や子葉にふくまれるもの

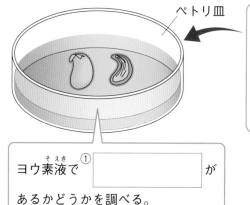

ペトリ皿

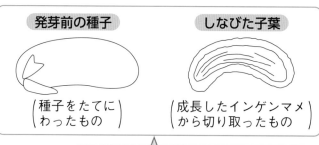

発芽前の種子　　　　しなびた子葉

（種子をたてにわったもの）　（成長したインゲンマメから切り取ったもの）

ヨウ素液で ①□ が
あるかどうかを調べる。

でんぷんは ②□ するときの
養分として使われる。

(1) ①、②の□に当てはまる言葉を書きましょう。

(2) ヨウ素液にひたしたときに、色がこい青むらさき色に変わるのはどの部分ですか。□の中の図にぬりましょう。

まとめ 〔 発芽　子葉　でんぷん 〕から選んで( )に書きましょう。

● 発芽する前の①( )の中には②( )がふくまれている。

● でんぷんは、③( )するための養分となる。

わくわくたんてい団　イネやトウモロコシなどの種子は、根・くき・葉になる部分と、はい乳とよばれる部分でできています。発芽のために必要な養分は、はい乳にたくわえられています。

練習のワーク

❶ ひとばん水にひたしておいたインゲンマメの種子の皮を取り、右の写真のようにたてに2つにわって、中のようすを調べました。次の問いに答えましょう。

(1) 図の⑦の部分は発芽すると何になりますか。3つ書きましょう。（　　　　　）
（　　　　　）
（　　　　　）

植物の体のつくりにはどんなものがあったかな？

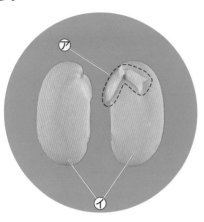

(2) 図の①の部分を何といいますか。
（　　　　　）

(3) 発芽した後、図の⑦、①の部分はそれぞれどのようになりますか。下の〔　〕から選んで書きましょう。
⑦（　　　　　　　　　　）
①（　　　　　　　　　　）
〔　しだいに成長する。　　しなびていく。　　変わらない。　〕

❷ 右の図のように、発芽する前のインゲンマメの種子（⑦）と、成長したインゲンマメのしなびた子葉（①）を切り取ったものをうすめた薬品あにひたして、ふくまれる養分を調べました。次の問いに答えましょう。

(1) 養分があるかどうかを確かめることができる薬品あを何といいますか。（　　　　　）

(2) 薬品あは、何という養分につけたときに色が変化しますか。（　　　　　）

(3) (2)がある部分は、薬品あで何色に変化しますか。
（　　　　　）

(4) 薬品あにひたしたときに、色が(3)のように変化したのは、図の⑦、①のどちらですか。（　　　　　）

成長した
インゲンマメ

⑦ 発芽する前の種子　　① しなびた子葉

(5) ⑦に、(2)はふくまれていますか、ふくまれていませんか。
（　　　　　）

(6) 発芽して成長すると、子葉の中の(2)はどのようになりますか。次のア〜ウから選びましょう。（　　　）
ア　多くなる。
イ　少なくなる。
ウ　変わらない。

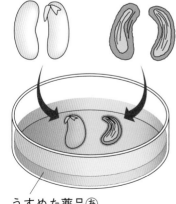

うすめた薬品あ

記述▶ (7) この実験から、種子の中の養分は何のために使われることがわかりますか。
（　　　　　　　　　　　　　）

勉強した日　月　日

学習の目標
植物の成長には、日光や肥料が関係していることを理解しよう。

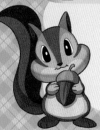

3　植物が成長する条件

基本のワーク

教科書　32〜39ページ　　答え　5ページ

図を見て、あとの問いに答えましょう。

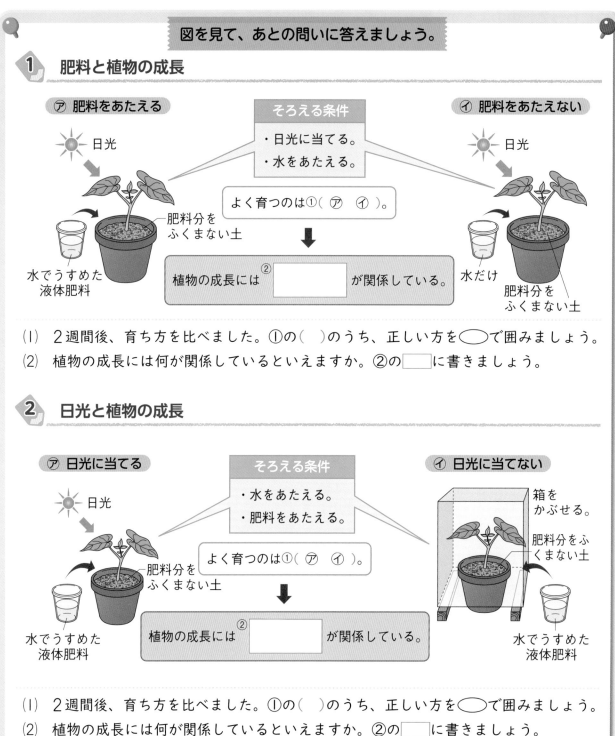

1　肥料と植物の成長

㋐ 肥料をあたえる

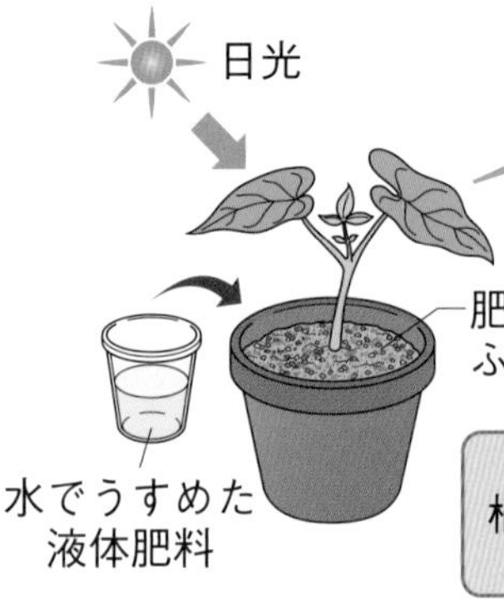

日光
肥料分をふくまない土
水でうすめた液体肥料

㋑ 肥料をあたえない

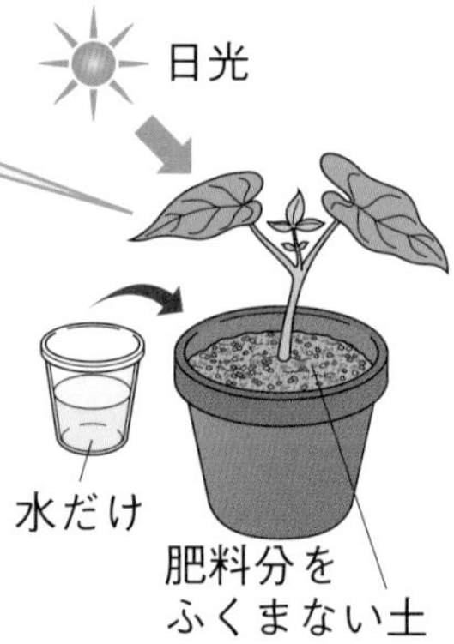

日光
水だけ
肥料分をふくまない土

そろえる条件
・日光に当てる。
・水をあたえる。

よく育つのは①（ ㋐　㋑ ）。

⬇

植物の成長には ②［　　　］ が関係している。

(1)　2週間後、育ち方を比べました。①の（　）のうち、正しい方を◯で囲みましょう。
(2)　植物の成長には何が関係しているといえますか。②の□に書きましょう。

2　日光と植物の成長

㋐ 日光に当てる

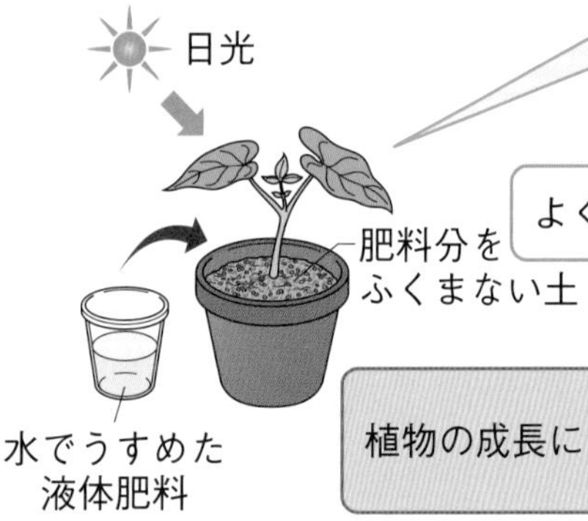

日光
肥料分をふくまない土
水でうすめた液体肥料

㋑ 日光に当てない

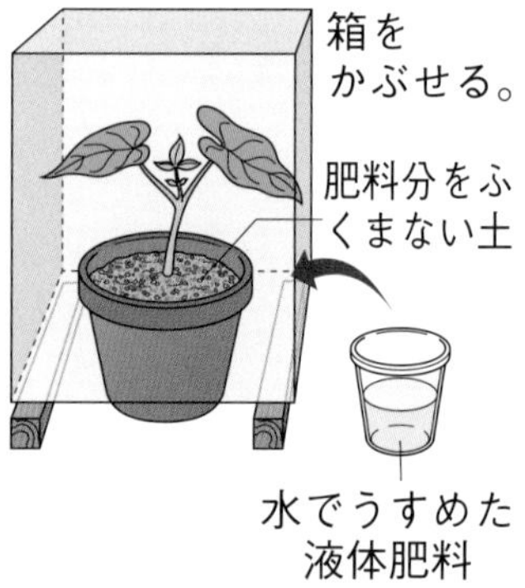

箱をかぶせる。
肥料分をふくまない土
水でうすめた液体肥料

そろえる条件
・水をあたえる。
・肥料をあたえる。

よく育つのは①（ ㋐　㋑ ）。

⬇

植物の成長には ②［　　　］ が関係している。

(1)　2週間後、育ち方を比べました。①の（　）のうち、正しい方を◯で囲みましょう。
(2)　植物の成長には何が関係しているといえますか。②の□に書きましょう。

まとめ　〔 日光　肥料 〕から選んで（　）に書きましょう。

●植物を最もよく成長させるためには、①（　　　　　）をあたえるだけでなく、②（　　　　　）に当てるとよい。

わくわくたんてい団　野山の土の中には、カビや細（さい）きんなどの小さな生物がいて、かれ葉や動物のふんから養分をつくり出すものもいます。そのため肥料をあたえなくても、植物がよく育ちます。

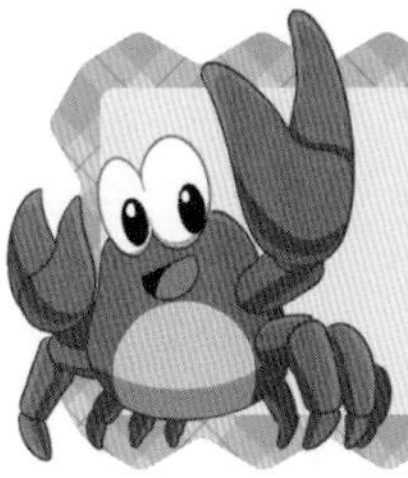

練習のワーク

教科書　32〜39ページ　答え　5ページ

できた数　/10問中

1　次の図のように、日光や肥料の条件を変えて、インゲンマメの育ち方を調べました。あとの問いに答えましょう。

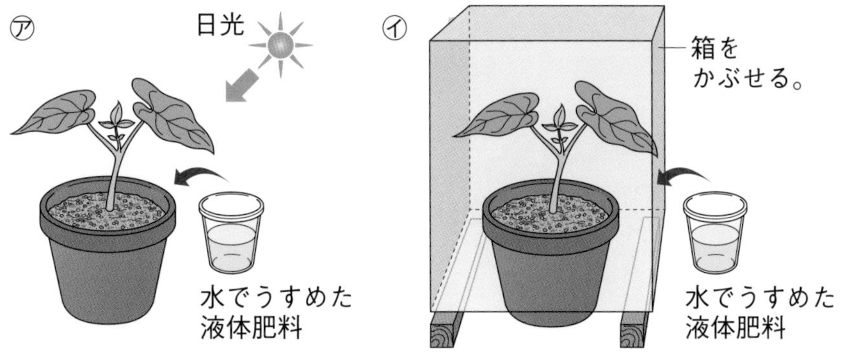
㋐
日光
水でうすめた
液体肥料
㋑
箱を
かぶせる。
水でうすめた
液体肥料
㋒
水だけ

(1)　育ち方を調べるときは、どのようなことに注意しますか。次のア〜エから2つ選びましょう。　(　　)(　　)

ア　肥料分をふくむ土を使う。

イ　肥料分をふくまない土を使う。

ウ　3つのなえは、同じくらいの大きさに育ったものを使う。

エ　3つのなえは、育ち方のちがうものを使う。

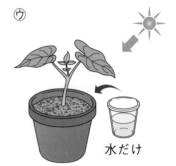

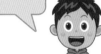

そろえる条件が何かを考えよう。

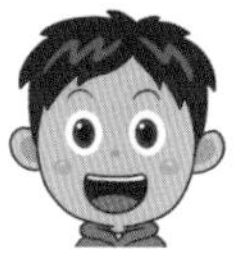

(2)　肥料と植物の成長との関係を調べるときには、図の㋐〜㋒のどれとどれを比べますか。
(　　と　　)

(3)　日光と植物の成長との関係を調べるときには、図の㋐〜㋒のどれとどれを比べますか。
(　　と　　)

(4)　最もよく育ったのは、図の㋐〜㋒のどれですか。　(　　)

2　肥料や日光の条件を変えてインゲンマメを育てると、次の図のようになりました。あとの問いに答えましょう。

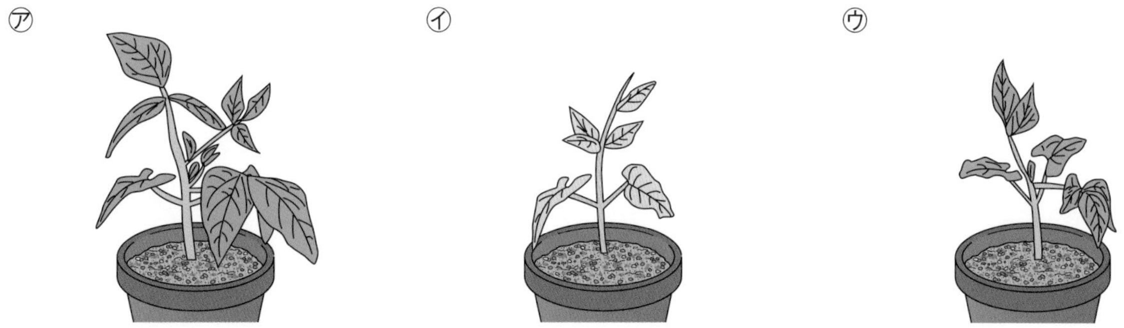
㋐
㋑
㋒

(1)　図の㋐〜㋒のうち、日光に当て、肥料をあたえたものはどれですか。　(　　)

(2)　図の㋐〜㋒のうち、日光に当て、肥料をあたえなかったものはどれですか。　(　　)

(3)　図の㋐〜㋒のうち、日光に当てず、肥料をあたえたものはどれですか。　(　　)

(4)　この実験から、インゲンマメの成長には何が関係していることがわかりますか。2つ書きましょう。　(　　)(　　)

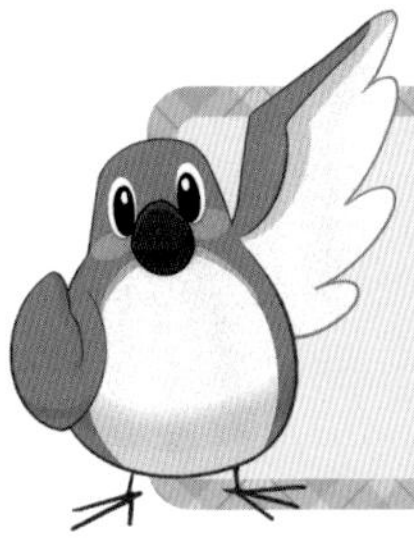

まとめのテスト②

2 種子の発芽と成長

勉強した日　　月　　日

時間 20分

得点　　/100点

教科書 28〜39ページ　答え 5ページ

よく出る **1** [発芽と養分] **ひとばん水にひたしたインゲンマメの種子の皮を取り、たてに２つにわって、図１のようにうすめたヨウ素液にひたして色の変化を調べました。あとの問いに答えましょう。**

1つ5〔25点〕

図１

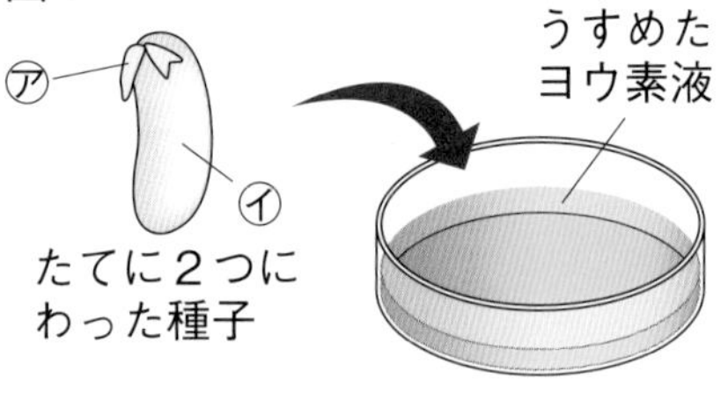

㋐
㋑
たてに２つに
わった種子
うすめた
ヨウ素液

図２

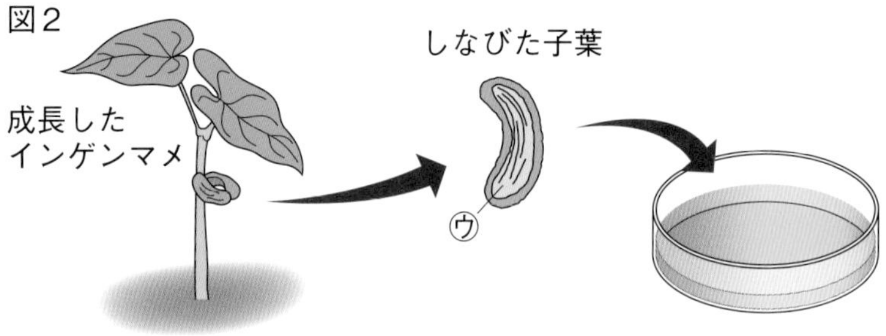

成長した
インゲンマメ
しなびた子葉
㋒

(1) でんぷんにヨウ素液をつけると、何色に変化しますか。（　　　　）

(2) インゲンマメの種子をうすめたヨウ素液にひたしたとき、(1)の色に変化したのは、図１の㋐、㋑のどちらですか。（　　）

(3) 図２のように、芽や根がのびたころのしなびた子葉(㋒)をうすめたヨウ素液にひたしました。㋒の色はどのようになりましたか。次のア、イから選びましょう。（　　）

ア　ほとんど変化しなかった。

イ　(2)で答えた部分と同じ色になった。

(4) 発芽する前の種子と、芽や根がのびたころのしなびた子葉では、どちらがでんぷんを多くふくんでいますか。（　　　　）

(5) 種子の中のでんぷんは、何に使われたことがわかりますか。（　　　　）

2 [肥料と植物の成長] **インゲンマメの成長に肥料が関係しているかどうかを調べるために、右の図のように２つのなえを用意して、育ち方を比べました。次の問いに答えましょう。** 1つ5〔20点〕

㋐

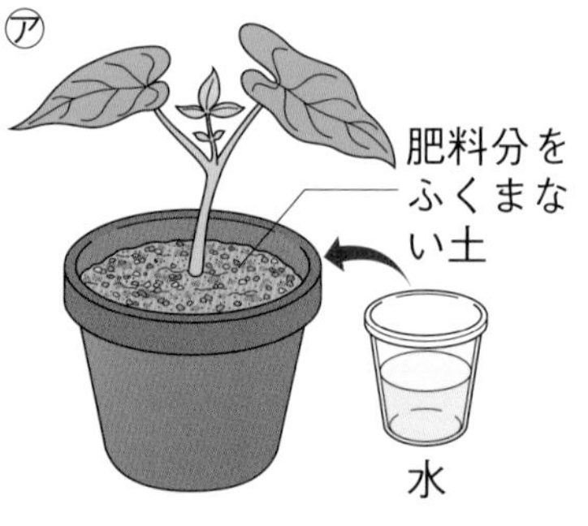

肥料分を
ふくまな
い土
水

㋑

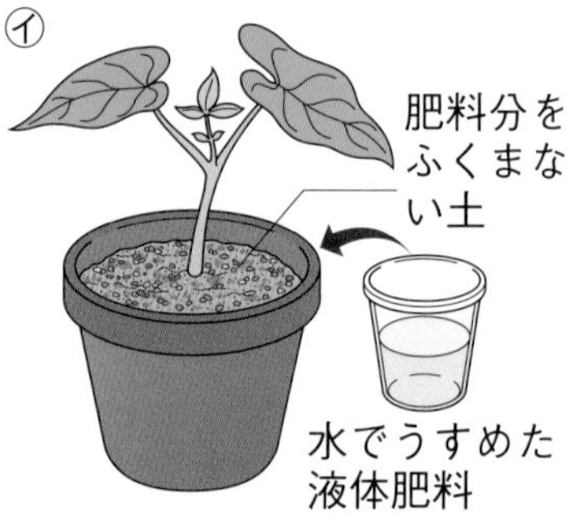

肥料分を
ふくまな
い土
水でうすめた
液体肥料

(1) この実験で、調べる条件は何ですか。次のア〜ウから選びましょう。（　　）

ア　水の条件　　イ　日光の条件　　ウ　肥料の条件

(2) この実験で、そろえる条件は何ですか。次の（　）に当てはまる言葉を書きましょう。

・（　　　　）に当てる。
・同じ温度の場所に置く。

(3) ２週間後によりよく育っているのは、図の㋐、㋑のどちらですか。（　　）

(4) この実験から、インゲンマメのなえがよく育つためには、何が関係しているといえますか。（　　　　）

3 日光と植物の成長 インゲンマメの成長に日光が関係しているかどうかを調べるために、右の図のように2つのなえを用意して、育ち方を比べました。次の問いに答えましょう。

1つ5〔25点〕

肥料分をふくまない土

あ

箱をかぶせる。

肥料分をふくまない土

あ

(1) インゲンマメのなえを選ぶときに注意することは何ですか。次のア、イから選びましょう。　　　（　　　）

　　ア　大きいなえと、小さいなえを1つずつ選ぶ。

　　イ　育ち方が同じくらいのなえを2つ選ぶ。

(2) インゲンマメにあたえるあとしてよいものを、次のア、イから選びましょう。　　　（　　　）

　　ア　水道の水　　　イ　水でうすめた液体肥料

記述 (3) ①で、箱をかぶせるのはなぜですか。

　　（　　　　　　　　　　　　　　　　　）

(4) 2週間後によりよく育っているのは、図の㋐、㋑のどちらですか。　　　（　　　）

(5) この実験から、インゲンマメのなえがよく育つためには、何が関係しているといえますか。　（　　　）

4 植物の成長に必要なもの ㋐〜㋒のようにして、インゲンマメのなえがよく育つかどうかの実験をして、次の表にまとめました。あとの問いに答えましょう。

1つ5〔30点〕

		㋐	㋑	㋒
条件	肥料	なし	あり	あり
	日光	あり	あり	なし
	水	あり	あり	あり
2週間後のようす		①	②	③

肥料分をふくまない土

水

肥料分をふくまない土

水でうすめた液体肥料

箱をかぶせる。

肥料分をふくまない土

水でうすめた液体肥料

(1) 表の「2週間後のようす」の①〜③に当てはまるものを、次のア〜ウからそれぞれ選んで表に書きましょう。

　　ア　葉は緑だが、数が少なく、全体にやや小さい。

　　イ　くきはのびているが、葉が黄緑色で弱々しい。

　　ウ　葉は緑で、数が多く、じょうぶそうに育っている。

(2) インゲンマメの成長と日光との関係を調べるには、㋐〜㋒のどれとどれを比べればよいですか。（　　と　　）

(3) インゲンマメの成長と肥料との関係を調べるには、㋐〜㋒のどれとどれを比べればよいですか。（　　と　　）

記述 (4) この実験から、インゲンマメが最もよく育つためにはどのようにすればよいことがわかりますか。

　　（　　　　　　　　　　　　　　　　　）

勉強した日　　月　　日

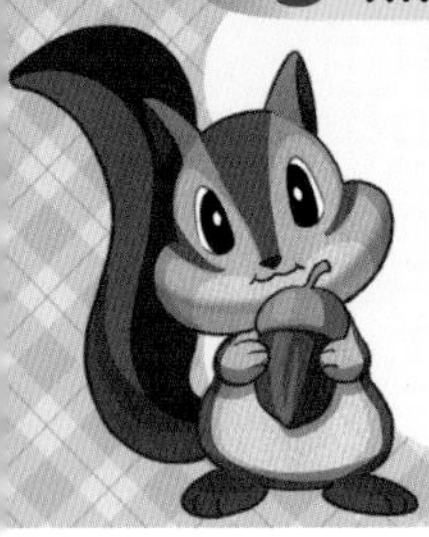

1　メダカのたまごの成長①

基本のワーク

学習の目標
メダカの飼い方やおすとめすの見分け方を理解しよう。

教科書　40～43ページ　　答え　6ページ

図を見て、あとの問いに答えましょう。

1　メダカの飼(か)い方

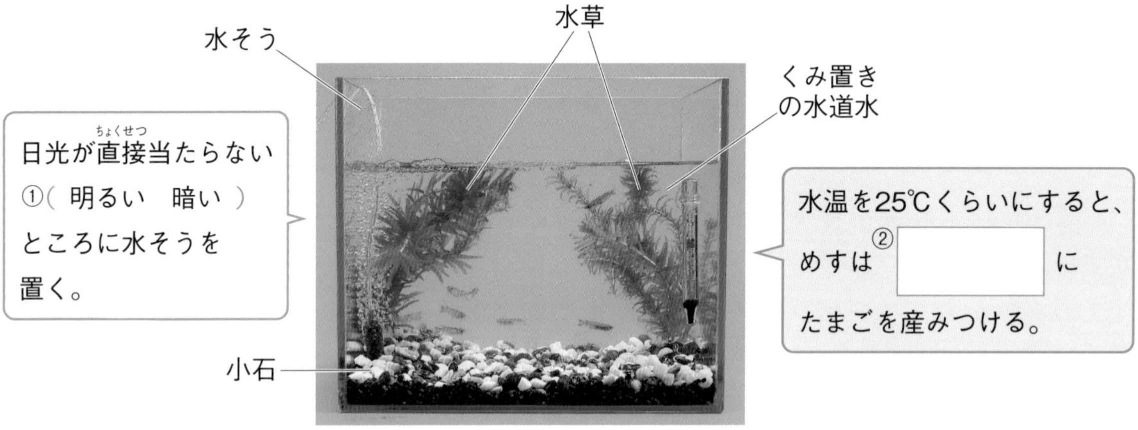
水そう
水草
くみ置きの水道水
小石
日光が直接(ちょくせつ)当たらない
①（ 明るい　暗い ）
ところに水そうを
置く。
水温を25℃くらいにすると、
めすは②□に
たまごを産みつける。

(1)　①の（　）のうち、正しい方を◯で囲みましょう。

(2)　メダカのめすはどこにたまごを産みつけますか。②の□に書きましょう。

2　メダカのおすとめすの見分け方

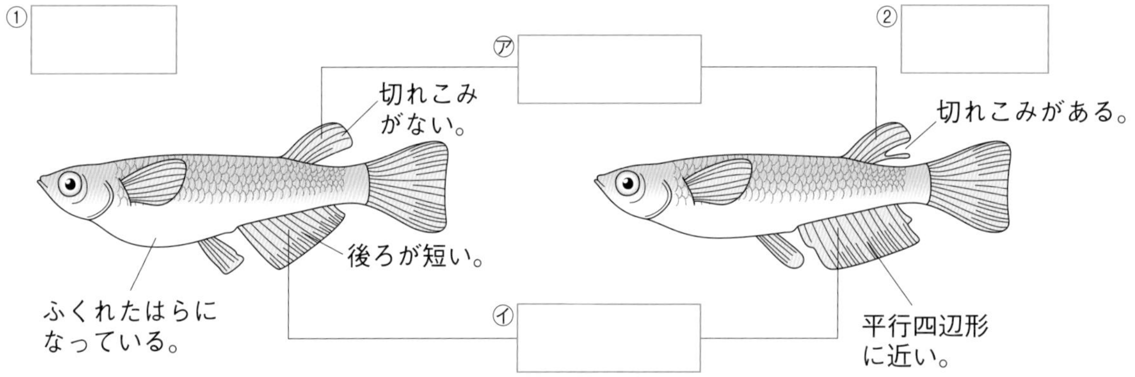
①
②
㋐
㋑
切れこみがない。
切れこみがある。
後ろが短い。
ふくれたはらになっている。
平行四辺形に近い。

(1)　①、②の□に、おすかめすかを書きましょう。

(2)　㋐、㋑の□に、ひれの名前を書きましょう。

まとめ　〔 しりびれ　せびれ 〕から選んで（　）に書きましょう。

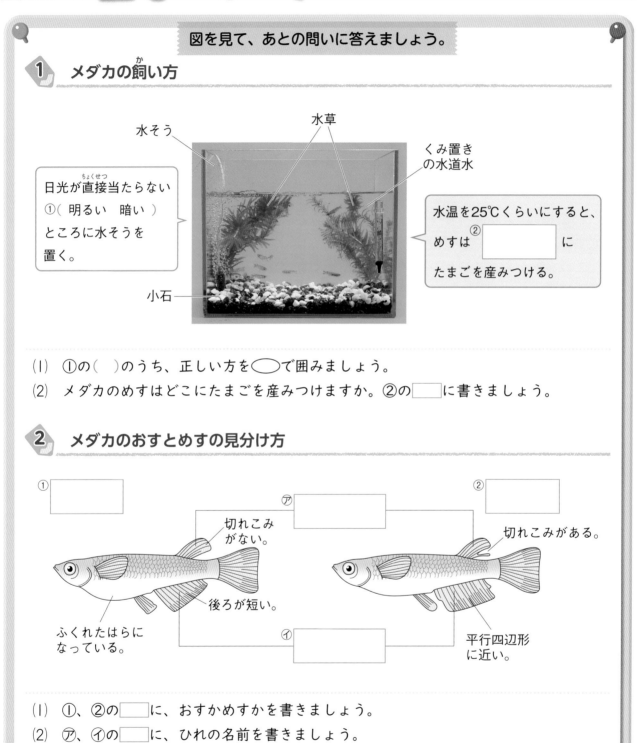

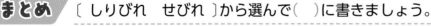

● メダカのおすとめすは、①（　　　　）に切れこみがあるかないか、②（　　　　）が平行四辺形に近いか、後ろが短いかなどで見分けられる。

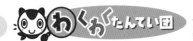

わくわくたんてい団　人は空気をすったりはいたりしています。メダカも水にとけた空気をえらで取り入れたり出したりしています。水そうの水に空気をとかすには、エアポンプを使うと便利です。

練習のワーク

教科書　40〜43ページ　　答え　6ページ

1 メダカの飼い方について、次の問いに答えましょう。

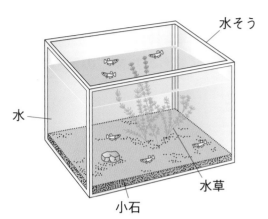

（1）水そうはどのようなところに置きますか。次の
　　ア〜ウから選びましょう。　　（　　　　）
　　ア　日光が直接当たる、明るいところ
　　イ　日光が直接当たらない、明るいところ
　　ウ　日光が直接当たらない、暗いところ

（2）水そうには、どのような水を入れますか。次の
　　ア、イから選びましょう。　　（　　　　）
　　ア　くみ置きの水道水
　　イ　くんだばかりの水道水

（3）メダカにたまごを産ませるには、水そうに入れるメダカはどのようにしますか。次のア〜
　　ウから選びましょう。　　（　　　　）
　　ア　おすだけを入れる。　　イ　めすだけを入れる。　　ウ　おすとめすを入れる。

（4）メダカのめすは、たまごを何に産みつけますか。水そうに入れているものの中から選んで
　　書きましょう。　　（　　　　）

（5）メダカにえさをあたえるときは、どのようにしますか。次のア、イから選びましょう。
　　　　　　　　　　　　　　　　　　　　　　　　　　　　　　　　　　（　　　　）

　　ア　毎日１回、食べ残しが少し出る程度の量をあたえる。
　　イ　毎日２〜３回、食べ残しが出ない程度の量をあたえる。

2 メダカのおすとめすの見分け方について、あとの問いに答えましょう。

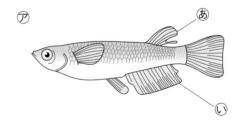　　　　　　　　　　　　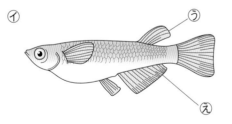

（1）図のあ、いのひれを、それぞれ何といいますか。
　　　　　　　　　　　あ（　　　　　　　　　）　い（　　　　　　　　　）

（2）おすとめすのひれの形のちがいについて、次の（　）に当てはまる言葉を下の〔　〕から選ん
　　で書きましょう。

　　　　あには切れこみが①（　　　　　　　）が、うには切れこみが②（　　　　　　　）。また、いは
　　　③（　　　　　　　　　　　）に近い形をしていて、えは後ろが④（　　　　　　）。
　　〔　ある　　　ない　　　三角形　　　平行四辺形　　　長い　　　短い　〕

（3）図の㋐、㋑のメダカは、それぞれおすとめすのどちらですか。
　　　　　　　　　　　㋐（　　　　　　　　　）　㋑（　　　　　　　　　）

勉強した日▶　月　日

1 メダカのたまごの成長②

基本のワーク

教科書　44～53ページ　　答え　6ページ

図を見て、あとの問いに答えましょう。

1　メダカのたまごの育ち方

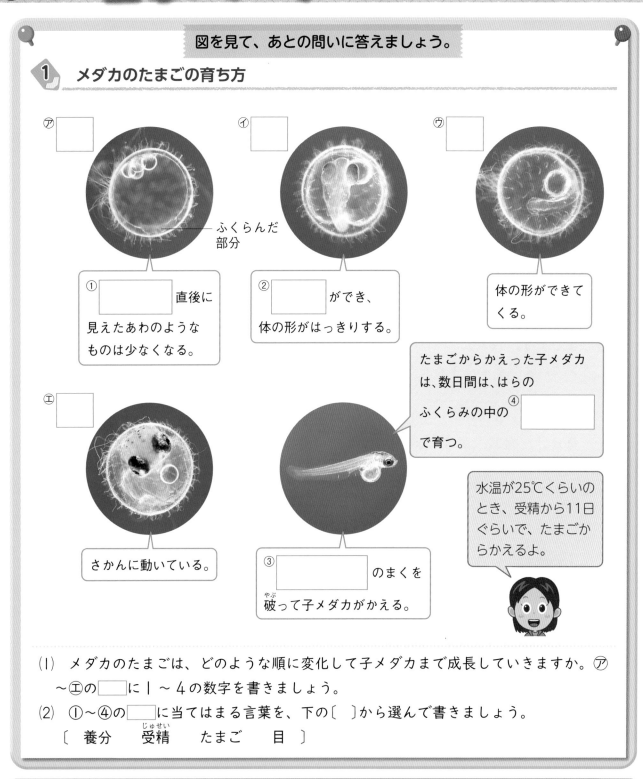

㋐ ＿＿＿

———ふくらんだ部分

㋑ ＿＿＿

㋒ ＿＿＿

① ＿＿＿ 直後に
見えたあわのような
ものは少なくなる。

② ＿＿＿ ができ、
体の形がはっきりする。

体の形ができて
くる。

たまごからかえった子メダカ
は、数日間は、はらの
ふくらみの中の④ ＿＿＿
で育つ。

㋓ ＿＿＿

さかんに動いている。

③ ＿＿＿ のまくを
破って子メダカがかえる。

水温が25℃くらいの
とき、受精から11日
ぐらいで、たまごか
らかえるよ。

(1)　メダカのたまごは、どのような順に変化して子メダカまで成長していきますか。㋐
　　～㋓の□□に１～４の数字を書きましょう。

(2)　①～④の□□に当てはまる言葉を、下の〔　〕から選んで書きましょう。
　　〔　養分　　受精　　たまご　　目　〕

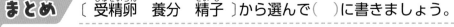

まとめ　〔　受精卵　養分　精子　〕から選んで（　）に書きましょう。

●たまごと①（　　　　　　　　　）が結びつく（受精する）と、②（　　　　　　　　　）になる。

●たまごの中の子メダカは、たまごの中の③（　　　　　　　　　）で育つ。

メダカのたまごを観察するときには、たまごを親メダカとは別の容器に移します。これは、
観察しやすくするためと、たまごが親メダカに食べられないようにするためです。

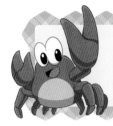

練習のワーク

できた数 /13問中

教科書 44〜53ページ 答え 6ページ

1 次の写真は、メダカのたまごの変化を観察したときのようすを表しています。あとの問い に答えましょう。

㋐ ㋑ ㋒ ㋓

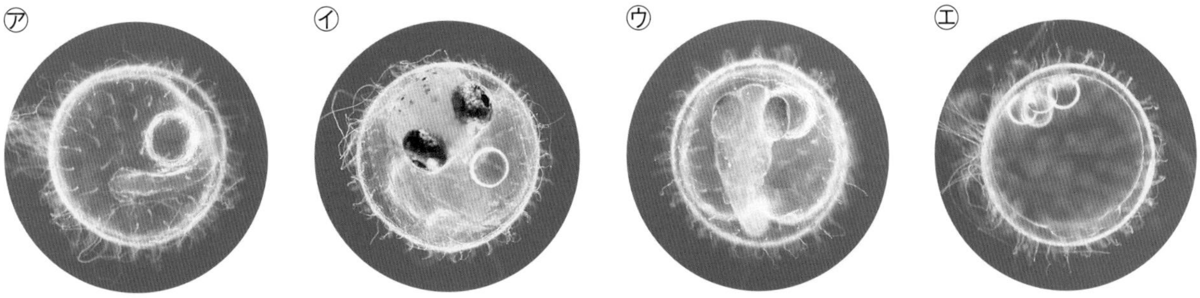

(1) 次の文の(　)に当てはまる言葉を書きましょう。

メダカのめすが産んだ①(　　　　)とおすが出した②(　　　　)が結びつくことを③(　　　　)といい、③したたまごを④(　　　　)という。

(2) 次の①〜④は、それぞれ㋐〜㋓のどのころのものですか。

① 目ができ、体の形がはっきりしてくる。 (　　)
② ふくらんだ部分ができてくる。 (　　)
③ 体がたまごの中でさかんに動いている。 (　　)
④ メダカの体の形ができてくる。 (　　)

(3) 図の㋐〜㋓を、メダカのたまごが変化する順にならべましょう。

(　　→　　→　　→　　)

(4) たまごの中の子メダカは、どこにある養分で育ちますか。 (　　　　)

2 右の写真は、たまごからかえったばかりの子メダカのようすを表したものです。次の問い に答えましょう。

(1) 受精してから子メダカがかえるまで、およそ何日かかりますか。次のア〜エから選びましょう。ただし、水温は25℃の場合とします。 (　　)

ア 3日　　イ 6日
ウ 11日　　エ 20日

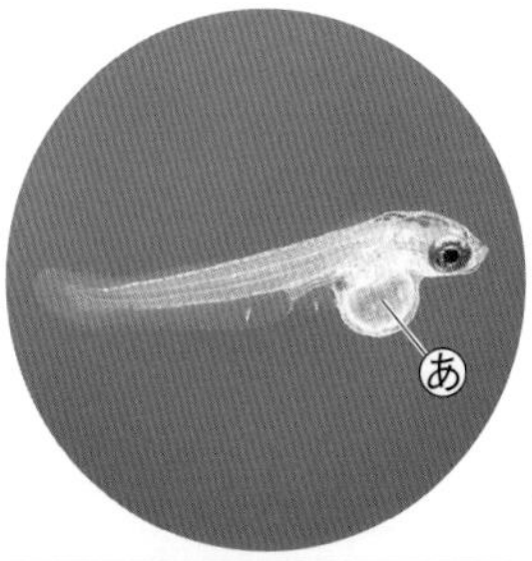
あ

(2) はらにある㋐のふくらみの中には何がありますか。

(　　　　)

(3) たまごからかえったばかりの子メダカのようすについて、正しい方に○をつけましょう。

①(　　)すぐにえさを食べるようになるので、あのふくらみがしだいにふくらんでいく。

②(　　)数日間はあのふくらみの中にあるもので育つため、あのふくらみはしだいに小さくなっていく。

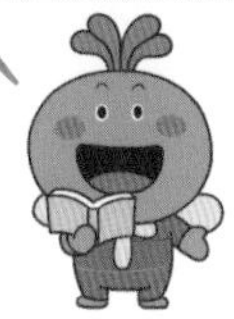
あのふくらみとインゲンマメの子葉のはたらきは似ているよ。

けんび鏡の使い方

基本のワーク

教科書 44、186〜187ページ 　 答え 6ページ

学習の目標
かいぼうけんび鏡やそう眼実体けんび鏡の使い方を理解しよう。

図を見て、あとの問いに答えましょう。

1 かいぼうけんび鏡の使い方

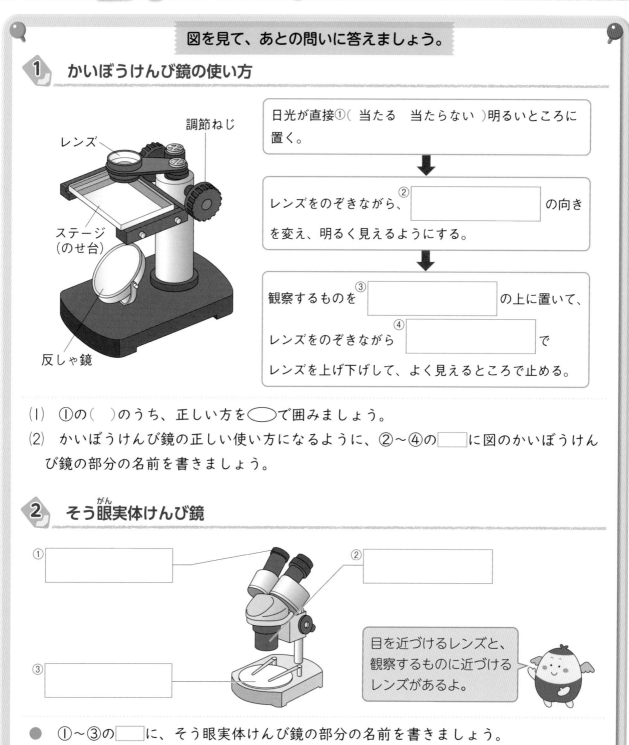

レンズ　調節ねじ
ステージ
（のせ台）
反しゃ鏡

日光が直接①（ 当たる　当たらない ）明るいところに置く。

↓

レンズをのぞきながら、②[　　　　　]の向きを変え、明るく見えるようにする。

↓

観察するものを③[　　　　　]の上に置いて、レンズをのぞきながら④[　　　　　]でレンズを上げ下げして、よく見えるところで止める。

(1) ①の（ ）のうち、正しい方を◯で囲みましょう。

(2) かいぼうけんび鏡の正しい使い方になるように、②〜④の□に図のかいぼうけんび鏡の部分の名前を書きましょう。

2 そう眼実体けんび鏡

①[　　　　　]
②[　　　　　]
③[　　　　　]

目を近づけるレンズと、観察するものに近づけるレンズがあるよ。

● ①〜③の□に、そう眼実体けんび鏡の部分の名前を書きましょう。

まとめ　〔 ステージ　明るい 〕から選んで（ ）に書きましょう。

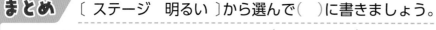

● けんび鏡は、日光が直接当たらない、①（　　　　　）ところに置いて使う。

● 観察するものを②（　　　　　）の上に置いて見る。

けんび鏡は小さいものを観察するのに適していて、ふつう倍率は40〜600倍です。かいぼうけんび鏡の倍率は10〜20倍、そう眼実体けんび鏡の倍率は20〜40倍です。

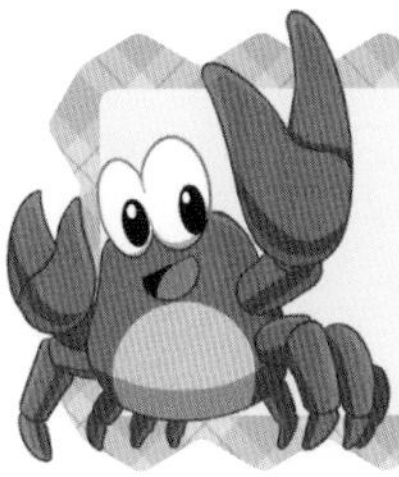

練習のワーク

できた数 /15問中

教科書 44、186〜187ページ　答え 7ページ

1 右の図は、そう眼実体けんび鏡とかいぼうけんび鏡です。次の問いに答えましょう。

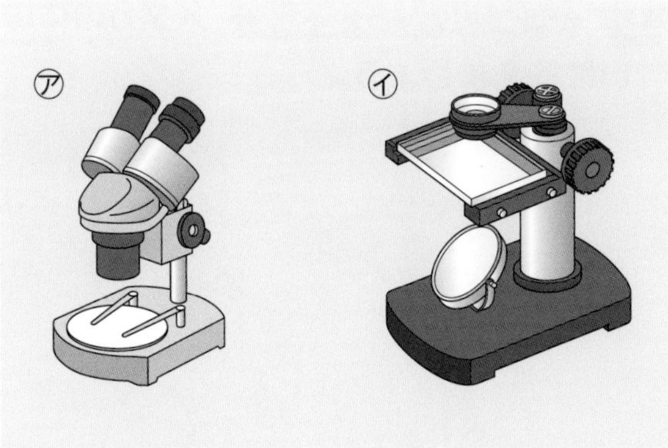

(1) ㋐、㋑は、それぞれそう眼実体けんび鏡とかいぼうけんび鏡のどちらですか。

㋐（　　　　）
㋑（　　　　）

(2) ㋐、㋑のけんび鏡は、どのようなところに置いて使いますか。次のア〜ウから選びましょう。（　　　）

ア　日光が直接当たる、明るいところ　イ　日光が直接当たらない、明るいところ
ウ　日光が直接当たらない、暗いところ

(3) かいぼうけんび鏡で、観察するものをよく見えるようにするとき、レンズを上げ下げするねじを何といいますか。（　　　）

(4) メダカのたまごの中のようすを観察するとき、けんび鏡とかいぼうけんび鏡のどちらを使いますか。（　　　）

2 けんび鏡について、次の問いに答えましょう。

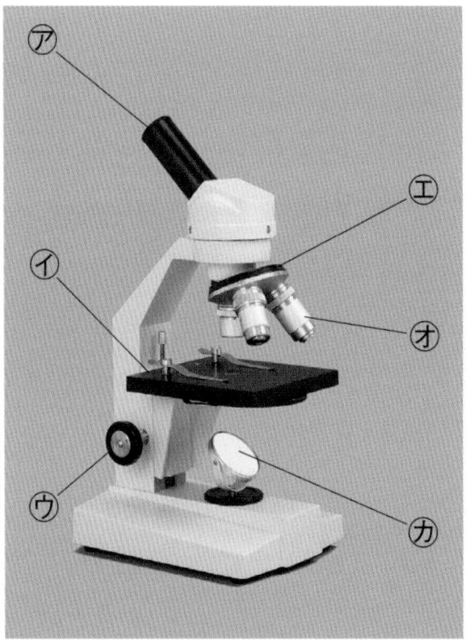

(1) ㋐〜㋕の部分をそれぞれ何といいますか。

㋐（　　　）　㋑（　　　）
㋒（　　　）　㋓（　　　）
㋔（　　　）　㋕（　　　）

(2) ㋐の倍率が10倍、㋔の倍率が4倍のとき、けんび鏡の倍率は何倍ですか。（　　　）

(3) けんび鏡の使い方について、次のア〜エを正しい順にならべましょう。（　　→　　→　　→　　）

ア　横から見ながら、㋔とプレパラートの間を近づける。
イ　㋕を動かして、全体が明るく見えるようにする。
ウ　㋑にプレパラートをのせて、クリップでおさえる。
エ　㋐をのぞきながら、㋔とプレパラートの間をはなし、はっきり見えるところで止める。

(4) 最初、㋔のレンズはどれにしますか。次のア〜ウから選びましょう。（　　　）

ア　最も倍率の高いレンズ　イ　最も倍率の低いレンズ
ウ　どのレンズでもよい。

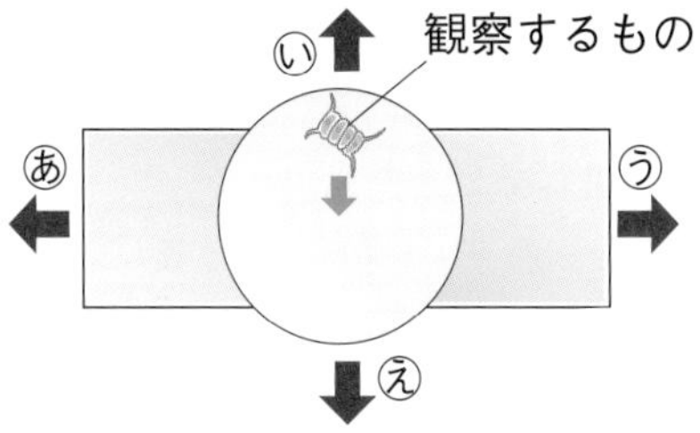

(5) 右の図は、プレパラートをけんび鏡で見たときの観察するもののようすです。観察するものを中央(➡の方向)に動かしたいとき、プレパラートを[あ]〜[え]のどの方向に動かしますか。（　　　）

勉強した日　月　日

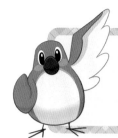

まとめのテスト

3　魚のたんじょう

時間 20分

得点　／100点

教科書 40~53、186~187ページ　答え 7ページ

よく出る

1 **メダカのおすとめす** **メダカの体のつくりと、おすとめすの見分け方について、あとの問いに答えましょう。**　1つ4〔24点〕

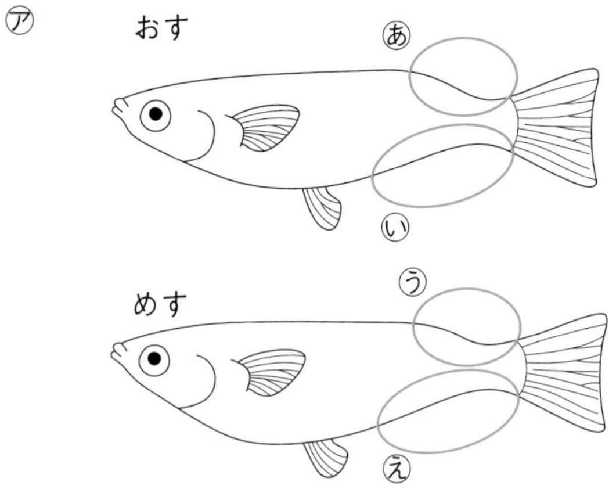

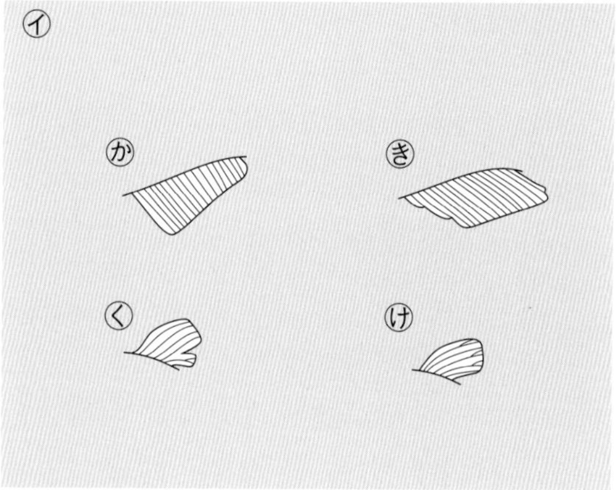

(1)　図㋐の[あ]や[う]の部分についているひれを何といいますか。（　　　）

(2)　図㋐の[い]や[え]の部分についているひれを何といいますか。（　　　）

作図

(3)　メダカのおすの[あ]、[い]、めすの[う]、[え]の部分には、どのようなひれがついていますか。それぞれ図㋑の[か]～[け]から選び、[あ]～[え]の◯に図をかきましょう。

2 **メダカの飼い方** **右の図のような水そうを用意してメダカを飼い、メダカがたまごを産むようすを観察しました。次の問いに答えましょう。**　1つ3〔21点〕

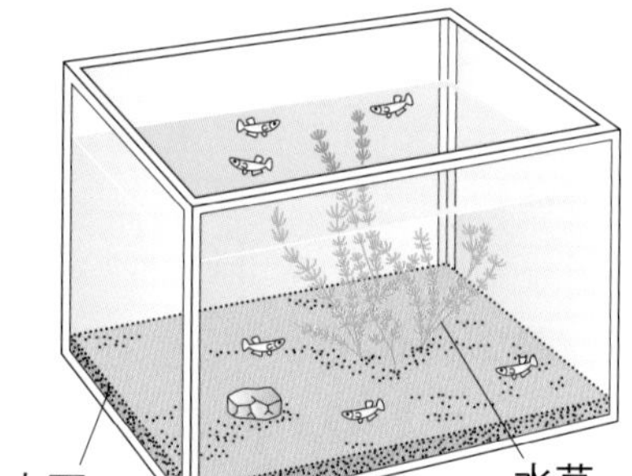

記述

(1)　水そうは、どのようなところに置きますか。

（　　　）

(2)　メダカがたまごを産むようにするためには、メダカのおすとめすは、1つの水そうで飼いますか、別の水そうで飼いますか。

（　　　）

(3)　(2)のとき、水温をどのくらいにしますか。次のア～ウから選びましょう。（　　　）

ア　15℃くらい　　イ　25℃くらい　　ウ　5℃くらい

(4)　メダカはたまごをどこに産みますか。次のア～ウから選びましょう。（　　　）

ア　水草などに産みつける。

イ　水そうの小石の間に産みおとす。

ウ　水中に巣をつくり、巣の中に産む。

(5)　メダカのたまごが育つためには、めすの産んだたまごとおすの出した何が結びつくことが必要ですか。（　　　）

(6)　めすの産んだたまごとおすの出した(5)が結びつくことを何といいますか。

（　　　）

(7)　(6)のようにしてできたたまごを何といいますか。（　　　）

[よく出る] **3** **メダカのたまご** **次の写真は、メダカのたまごが変化していくようすを表したものです。あとの問いに答えましょう。**

1つ5〔25点〕

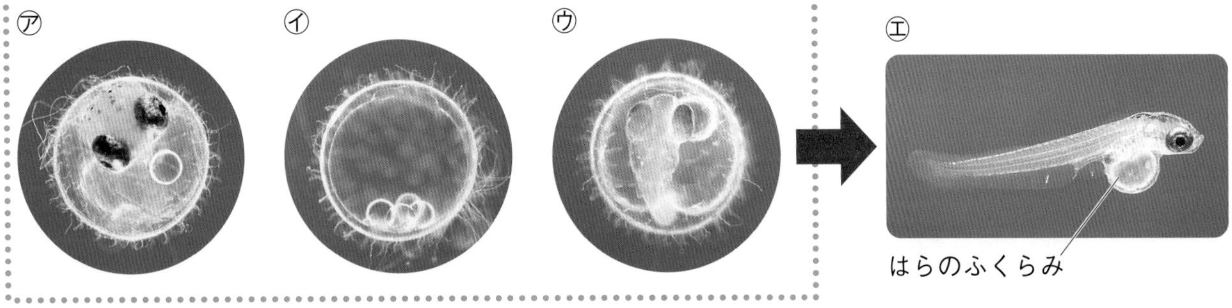

(1) メダカのたまごは、どのような順で変化し、育っていきますか。図の㋐～㋒を、たまごが育つ順にならべましょう。（　　→　　→　　）

(2) たまごの中の子メダカが育つための養分は、どこにありますか。
（　　　　）

(3) たまごからかえったばかりの㋓の子メダカは、はらに大きなふくらみがあります。このふくらみには何が入っていますか。（　　　　）

[記述] (4) たまごからかえったばかりの㋓の子メダカが、数日間、何も食べなくても生きていられるのはなぜですか。
（　　　　　　　　　　　　）

(5) 図の㋓の子メダカのはらのふくらみは、日がたつにつれてどのようになりますか。
（　　　　）

4 **いろいろなけんび鏡** **次の問いに答えましょう。**

1つ6〔30点〕

図1　かいぼうけんび鏡

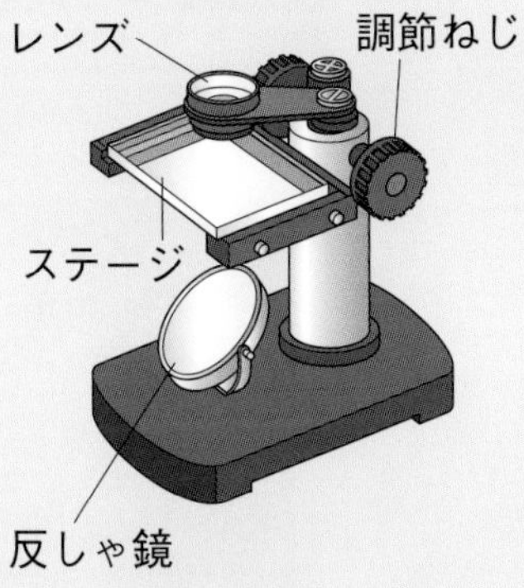

(1) 図1のかいぼうけんび鏡の使い方で、次のア～エを正しい順にならべましょう。（　　→　　→　　→　　）

ア　観察するものをステージの上に置く。

イ　レンズをのぞきながら、反しゃ鏡の向きを変え、明るく見えるようにする。

ウ　かいぼうけんび鏡を、日光が直接当たらない、明るいところに置く。

エ　レンズをのぞきながら、調節ねじでレンズを上げ下げして、よく見えるところで止める。

(2) かいぼうけんび鏡の調節ねじの調節はどのようにしますか。正しい方に○をつけましょう。

①（　　）かた手で行う。

②（　　）両手で行う。

(3) 図2のけんび鏡を何といいますか。
（　　　　）

(4) 図2の㋐、㋑のレンズを何といいますか。それぞれ書きましょう。

㋐（　　　　）

㋑（　　　　）

図2

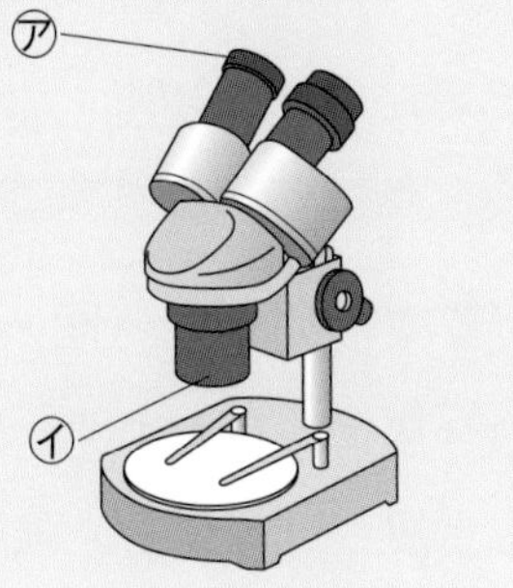

台風の接近

基本のワーク

教科書 54〜63、181ページ　　答え 8ページ

学習の目標・
台風の動き方や台風に
よってもたらされる災
害について理解しよう。

図を見て、あとの問いに答えましょう。

1 台風の動き方

気象衛星の雲画像

台風は、日本の
① [　　　] の方
で発生し、
② [　　　] へ動く
ことが多い。

過去の台風の主な動き方

7月　8月　9月　10月

日本には、③ [　　　] から ④ [　　　] にかけてしばしば台風が近づく。

(1) ①、②の [　　] に当てはまる方位を、東、西、南、北から選んで書きましょう。

(2) 台風は、どの季節に日本付近に近づきますか。③、④の [　　] に書きましょう。

2 台風による災害

① [　　　] による災害

② [　　　] による災害

台風が近づくと③ [　　　] がふき、④ [　　　] がふるため、災害になることがある。

● ①〜④の [　　] に、「大雨」、「強風」から選んで書きましょう。

まとめ 〔 北　南　大雨 〕から選んで（　）に書きましょう。

● 台風は、日本の①（　　　　　）の方で発生し、②（　　　　　）へと動くことが多い。

● 台風が近づくと、強風や③（　　　　　）による災害が起こることがある。

わくわくたんてい団　台風は、中心付近の風の強さをもとに「強い・非常に強い・猛烈な」と表し、強い風がふくはんいをもとに「大型・超大型」と表します。

練習のワーク

教科書 54〜63、181ページ　答え 8ページ

❶　次の図は、ある年の9月に発生した台風が日本付近に近づいたときの気象衛星の雲画像です。あとの問いに答えましょう。

9月18日

9月19日

(1)　台風の中心を表しているのは、図の㋐、㋑のどちらですか。　（　　　　　）

(2)　台風が近づくと、雨や風は強くなりますか、弱くなりますか。

雨（　　　　　　　）　風（　　　　　　　）

(3)　この台風は、9月18日から9月19日にかけてどの方位へ動きましたか。次のア〜エから選びましょう。ただし、図の上の方位が北です。　（　　　　　）

ア　北西
イ　北東
ウ　南西
エ　南東

図の向かって右が東、左が西だよ。

(4)　台風の動きについて、次の（　）に当てはまる方位を東、西、南、北から選んで書きましょう。

台風は日本の①（　　　　　　　）の方で発生し、多くは②（　　　　　　　）の方へ動く。

(5)　台風が日本付近に近づくのは、主にどの季節のころですか。次のア〜エから選びましょう。　（　　　　　）

ア　春から夏にかけて
イ　夏から秋にかけて
ウ　秋から冬にかけて
エ　冬から春にかけて

夏休みやその少しあとの時期にやってくることが多いね。

(6)　次の①〜④のうち、台風によるめぐみに○、台風によるひ害に×をつけましょう。

①（　　　）強風でビニルハウスがこわれる。
②（　　　）強風でリンゴの実が落ちる。
③（　　　）大雨でダムに水がたくわえられる。
④（　　　）大雨で川がはんらんする。

(7)　台風についての気象情報は、何をもとにして作られていますか。1つ答えましょう。

（　　　　　　　　　　　　　　　）

まとめのテスト

台風の接近

1 台風の動き 次の図は、日本付近に台風が近づいてきたときの、12時間ごとの気象情報です。あとの問いに答えましょう。

1つ6〔36点〕

9月3日　午後3時

9月4日　午前3時

9月4日　午後3時

9月5日　午前3時

(1) この気象情報は何というものですか。次のア〜ウから選びましょう。　（　　　　）

　　ア　アメダス　　イ　天気図　　ウ　雲画像

(2) 台風は、およそどの方位からどの方位へ移動しましたか。正しいものに〇をつけましょう。

　　①（　　　）南から北　　②（　　　）北から南　　③（　　　）東から西

(3) 台風が近づくと風や雨はどのようになることが多いですか。

　　　　　　　　　　　　　　　　　（　　　　　　　　　　　　　　　）

(4) 大阪で風や雨が強いのは、次のどちらですか。正しい方に〇をつけましょう。

　　①（　　　）9月3日　午後3時　　②（　　　）9月4日　午後3時

(5) 右の図は、過去に発生した台風の主な動き方を、7月〜10月の月ごとに表したものです。

　　① 台風の4つの動き方のうち、9月の台風の主な動き方はどれですか。㋐〜㋓から選びましょう。　（　　　　）

　　② 台風は日本のどの方位の方で発生しますか。

　　　　　　　　　　　　　　　（　　　　　　　）

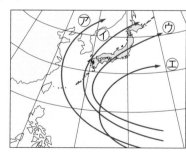

[よく出る] **2** **台風と天気** 次の図は、ある日の、日本付近に近づいてきた台風の雲画像と、アメダスのこう雨(う)情報です。あとの問いに答えましょう。 1つ8〔40点〕

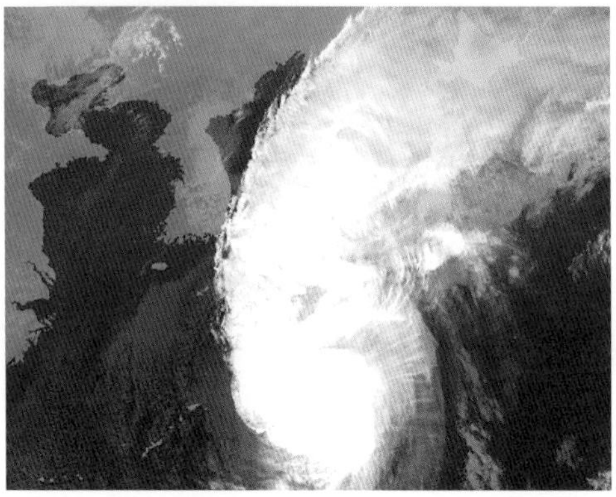

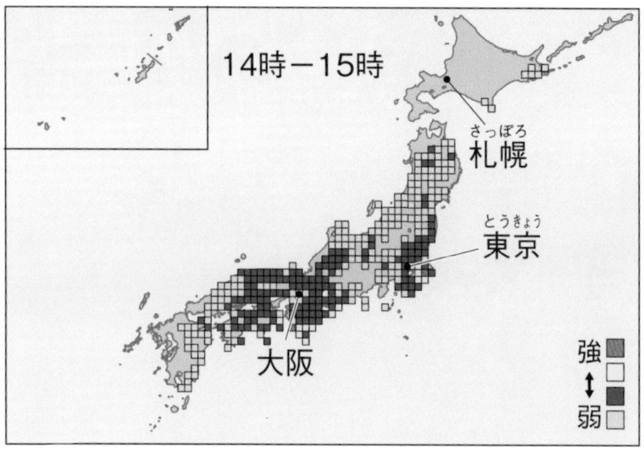

(1) 台風はいつごろ日本に近づきますか。次の文の(　)に、春、夏、秋、冬のうちどれかの季節をそれぞれ書きましょう。

台風は①(　　　　)から②(　　　　)にかけて日本付近に近づく。

(2) 台風の動きや、雨の量などの気象情報は、テレビの他に何で知ることができますか。1つ書きましょう。

(　　　　　　　　)

(3) このとき、雨がふっていなかったところを、次のア～ウから選びましょう。 (　　　)

ア 札幌
イ 東京
ウ 大阪

(4) この後、台風がさらに日本に近づいてくると、風の強さはどのようになると考えられますか。 (　　　　　　　　)

[SDGs] **3** **台風による災害** 次の写真は、台風によるひ害のようすです。あとの問いに答えましょう。 1つ8〔24点〕

㋐

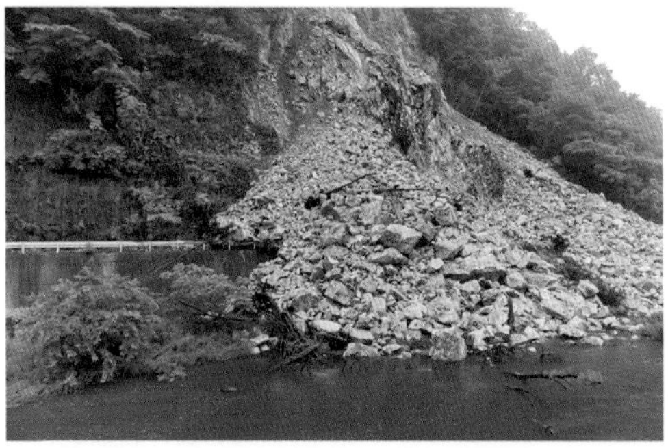

㋑

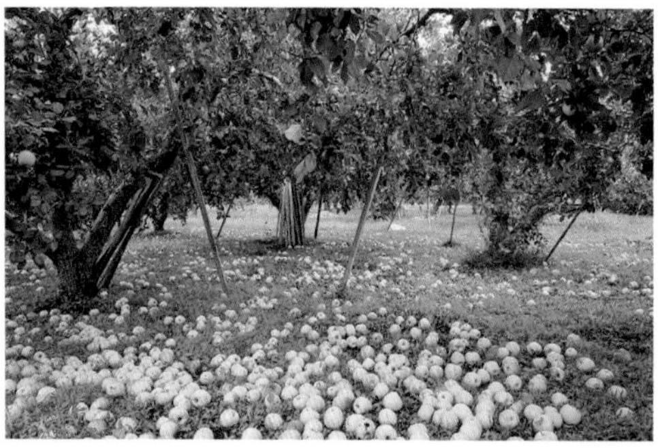

(1) ㋐、㋑は、それぞれ雨、風のどちらによるひ害ですか。 ㋐(　　　) ㋑(　　　)

(2) 次のうち、台風の雨によるひ害に○をつけましょう。

①(　　　)川のはんらんで、田や畑が水につかる。
②(　　　)水不足が解消(かいしょう)される。
③(　　　)大きな木や鉄とうがたおれる。

勉強した日　月　日

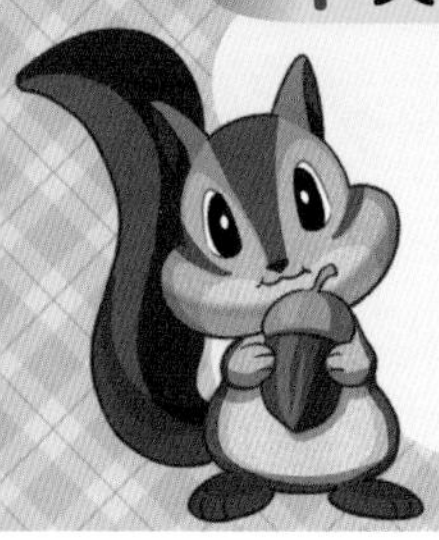

1　花のつくり①

基本のワーク

学習の目標
ヘチマやアサガオの花のつくりを確にんしよう。

教科書　66～69ページ　答え　8ページ

図を見て、あとの問いに答えましょう。

1　ヘチマの花のつくり

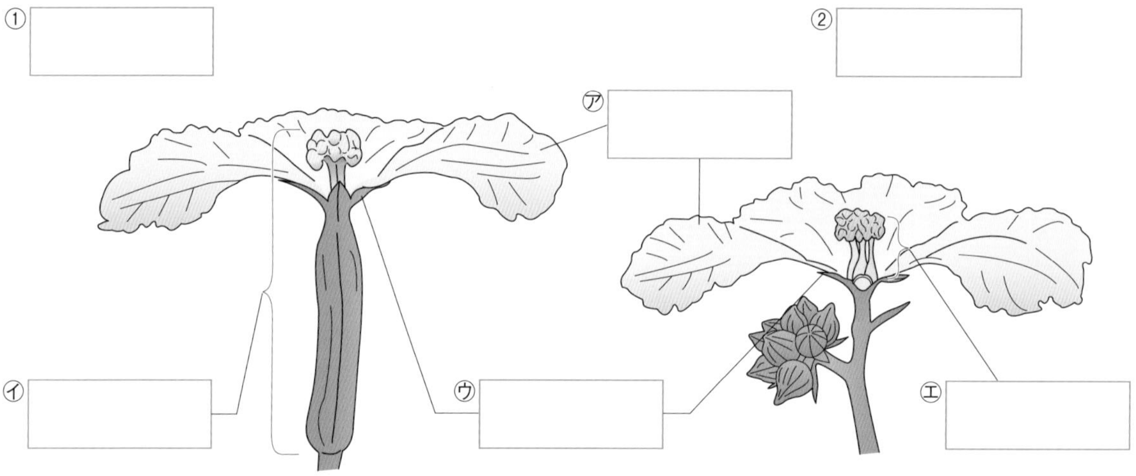

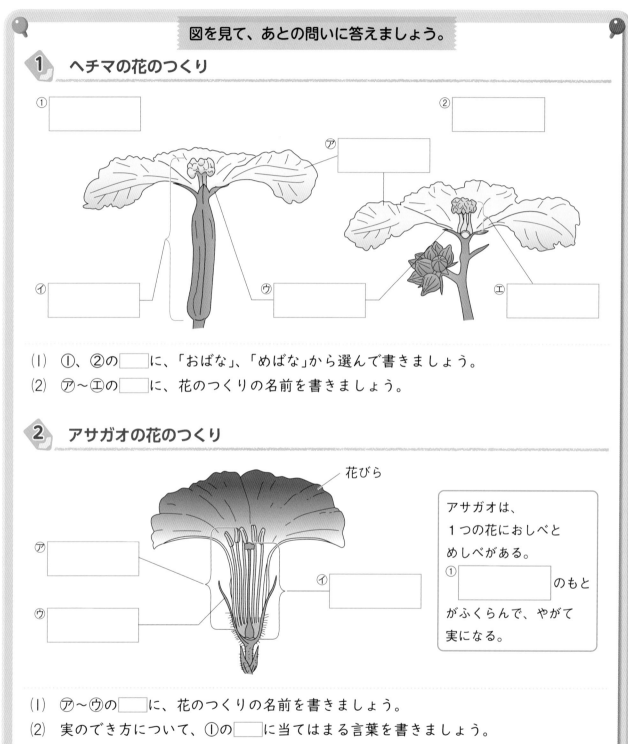

(1)　①、②の□に、「おばな」、「めばな」から選んで書きましょう。
(2)　㋐～㋓の□に、花のつくりの名前を書きましょう。

2　アサガオの花のつくり

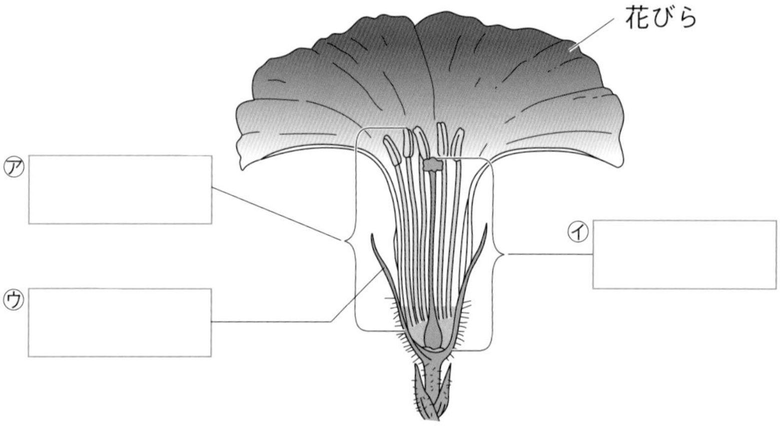

アサガオは、
1つの花におしべとめしべがある。
①□のもとがふくらんで、やがて実になる。

(1)　㋐～㋒の□に、花のつくりの名前を書きましょう。
(2)　実のでき方について、①の□に当てはまる言葉を書きましょう。

まとめ　〔 おばな　めばな　花 〕から選んで(　)に書きましょう。
- ヘチマの花は、①(　　　　)にめしべが、②(　　　　)におしべがある。
- アサガオは、1つの③(　　　　)にめしべとおしべがある。

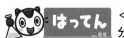

はってん　<めしべのつくり>めしべで、やがて実になるのは、めしべのもとにある子ぼう(しぼう)という部分です。子ぼうの中には、はいしゅという種子のもとになるものがあります。

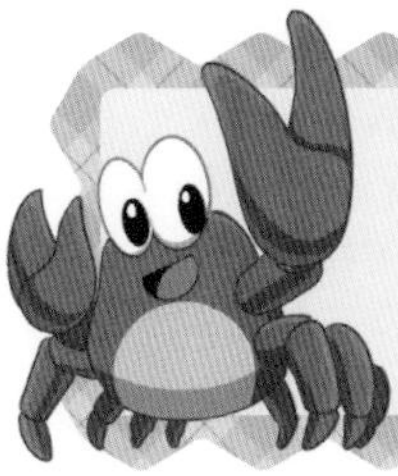

練習のワーク

教科書　66～69ページ　　答え　8ページ

できた数　　/14問中

1 次の図は、ヘチマの花のつくりを表したものです。あとの問いに答えましょう。

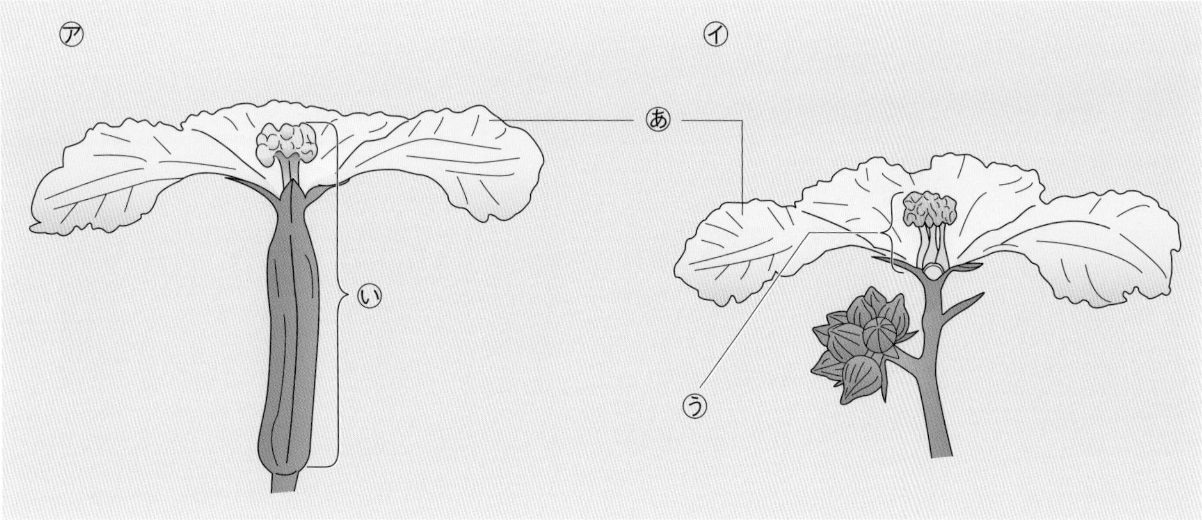

(1) ヘチマの花には、次の２種類があります。①、②をそれぞれ何といいますか。また、①、②は、図の㋐、㋑のどちらの花ですか。

① やがて実になる花　　名前(　　　　)　記号(　　　)

② 実にならない花　　名前(　　　　)　記号(　　　)

(2) 図の[あ]～[う]の花のつくりを、それぞれ何といいますか。

[あ](　　　　)

[い](　　　　)

[う](　　　　)

(3) ヘチマの花のつくりについて説明した次の文で、正しいもの２つに○をつけましょう。

①(　　)１つの花に、花びら、がく、めしべ、おしべがそろっている。

②(　　)めしべだけをもつ花と、おしべだけをもつ花に分かれている。

③(　　)めしべのもとがふくらんで、やがて実になる。

④(　　)おしべは、がくの外側にある。

2 右の図は、ある花のつくりを表したものです。次の問いに答えましょう。

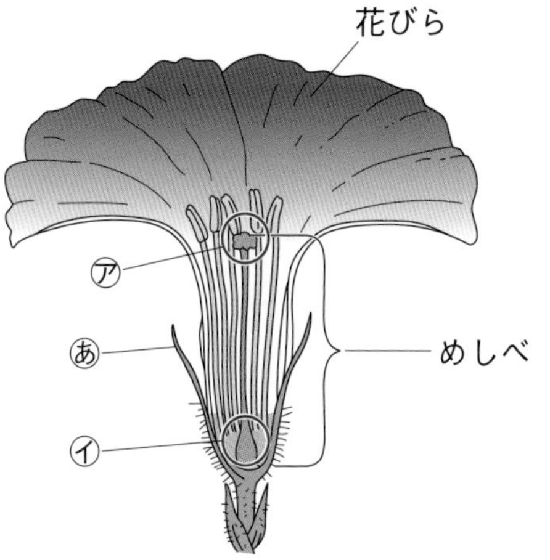

(1) 図は、何という植物の花ですか。
(　　　　)

(2) 花びらの外側にある[あ]のつくりを何といいますか。
(　　　　)

(3) めしべのまわりをとり囲んでいる５本のものを何といいますか。(　　　　)

(4) この花にめしべは何本ありますか。
(　　　　)

(5) やがて実になるのは、図の㋐、㋑のどちらの部分ですか。(　　　)

1 花のつくり②

基本のワーク

教科書 70〜71、186〜187ページ　答え 9ページ

図を見て、あとの問いに答えましょう。

① めしべとおしべの特ちょう

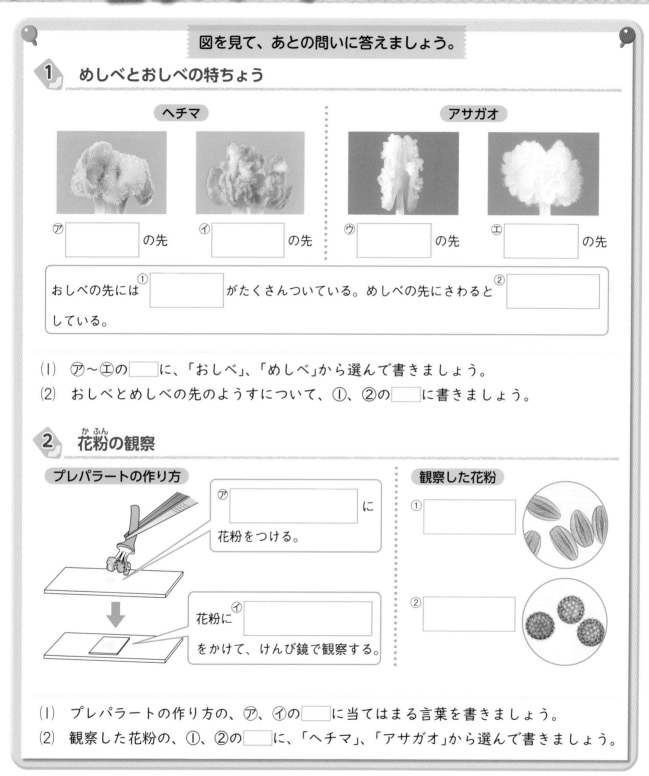

ヘチマ

アサガオ

㋐　　　　　　　の先　㋑　　　　　　　の先　㋒　　　　　　　の先　㋓　　　　　　　の先

おしべの先には①　　　　　　　がたくさんついている。めしべの先にさわると②　　　　　　　している。

(1) ㋐〜㋓の　　　に、「おしべ」、「めしべ」から選んで書きましょう。

(2) おしべとめしべの先のようすについて、①、②の　　　に書きましょう。

② 花粉の観察 （かふん）

プレパラートの作り方

㋐　　　　　　　に花粉をつける。

花粉に㋑　　　　　　　をかけて、けんび鏡で観察する。

観察した花粉

①　　　　　　

②　　　　　　

(1) プレパラートの作り方の、㋐、㋑の　　　に当てはまる言葉を書きましょう。

(2) 観察した花粉の、①、②の　　　に、「ヘチマ」、「アサガオ」から選んで書きましょう。

まとめ　〔 めしべ　おしべ 〕から選んで（　）に書きましょう。

● ①（　　　　　　）の先には花粉がたくさんついている。

● ②（　　　　　　）の先はねばねばしている。

わくわくたんてい団　風で運ばれる花粉は、風に飛ばされやすいように小さく、数が多くなっています。マツの花粉は飛ばされやすいように、空気のふくろを持っています。

練習のワーク

教科書 70〜71、186〜187ページ 　答え 9 ページ

1 次の写真は、ヘチマとアサガオのおしべとめしべの先を表したものです。あとの問いに答えましょう。

ヘチマ
㋐　㋑

アサガオ
㋒　㋓

(1) ㋐〜㋓のうち、めしべの先を表しているものを2つ選びましょう。
（　　　）（　　　）

(2) めしべの先はどのようになっていますか。次のア、イから選びましょう。　（　　　）
　ア　さらさらしている。
　イ　ねばねばしている。

(3) おしべやめしべを、虫めがねを使って観察します。手に持った花を観察する方法として正しいものを、次のア、イから選びましょう。　（　　　）
　ア　虫めがねを目に近づけて持ち、花を動かしてはっきりと見えるところで止める。
　イ　虫めがねを目からはなして持ち、花と虫めがねの両方を動かして、はっきりと見えるところで止める。

2 次の図1のようにして、ヘチマのおしべの先についている粉のようなものを観察しました。あとの問いに答えましょう。

図1

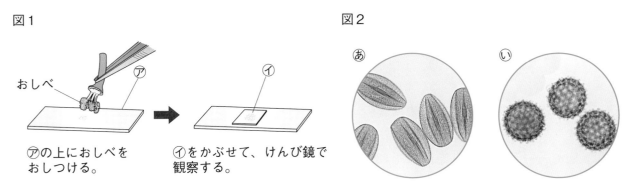

おしべ

㋐
㋐の上におしべをおしつける。

㋑
㋑をかぶせて、けんび鏡で観察する。

図2

あ　い

(1) おしべの先についている粉のようなものを何といいますか。　（　　　　　　）

(2) 図1の㋐、㋑のガラスをそれぞれ何といいますか。
㋐（　　　　　　）
㋑（　　　　　　）

(3) ヘチマの(1)をけんび鏡で観察したものを、図2のあ、いから選びましょう。　（　　　）

4 実や種子のでき方

時間 **20**分

得点

/100点

教科書 66〜71、186〜187ページ　答え 9ページ

1 アサガオの花　右の図は、アサガオの花のつくりを表したものです。次の問いに答えましょう。

1つ4〔24点〕

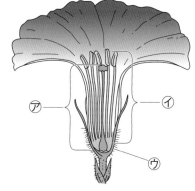

(1) 図の⑦〜⑦のつくりをそれぞれ何といいますか。

⑦（　　　　　　　）
⑦（　　　　　　　）
⑦（　　　　　　　）

記述 (2) めしべの先は、さわるとどのようになっていますか。

（　　　　　　　　　　　　　　）

(3) おしべの先には、何がたくさんついていますか。

（　　　　　　　　　　　）

(4) やがて実になるのはどの部分ですか。次のア〜エから選びましょう。　（　　　　　）

ア　めしべの先
イ　めしべのもと
ウ　おしべの先
エ　おしべのもと

アサガオでは、がくに包まれた部分が実になるよ。

2 ヘチマの花　次の図は、ヘチマの花のつくりを表したものです。あとの問いに答えましょう。

1つ4〔32点〕

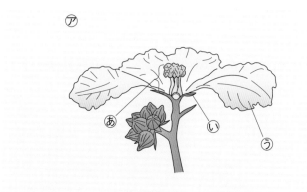

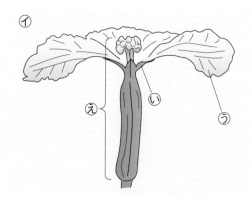

(1) 図の⑦、⑦は、おばなとめばなのそれぞれどちらを表していますか。

⑦（　　　　　　　）　⑦（　　　　　　　）

(2) 図のあ〜えのつくりをそれぞれ何といいますか。

あ（　　　　　　　）　い（　　　　　　　）
う（　　　　　　　）　え（　　　　　　　）

(3) おしべやめしべの先はどのようになっていますか。次のア、イからそれぞれ選びましょう。

おしべ（　　　　　）　めしべ（　　　　　）

ア　さわるとねばねばしている。
イ　粉のようなものがたくさんついている。

3 花のつくり 次のうち、アサガオに当てはまる文に○、ヘチマに当てはまる文に△、アサガオとヘチマの両方に当てはまる文に◎、アサガオとヘチマの両方ともに当てはまらない文に×をつけましょう。

1つ2〔16点〕

①( )花には、めばなとおばながある。

②( )1つの花にめしべとおしべの両方がある。

③( )花びらの内側にがくがある。

④( )めしべをとり囲むようにして、おしべがある。

⑤( )めしべはあるがおしべのない花がある。

⑥( )花粉の形は長方形である。

⑦( )おしべの先には花粉がついている。

⑧( )めしべのもとがふくらんで、実になる。

4 花粉の観察 次の図1のようにしてつけたヘチマの花粉を、図2のけんび鏡で観察しました。あとの問いに答えましょう。

1つ4〔28点〕

図1

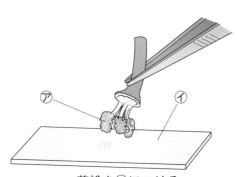

花粉を④につける。

図2

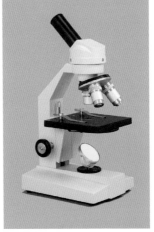

図3 あ

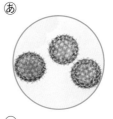

い

(1) 図1の⑦はヘチマの花のどの部分ですか。次のア〜エから選びましょう。 （　　　）

　ア　めしべの先

　イ　めしべのもと

　ウ　おしべの先

　エ　おしべのもと

(2) 図1の④のガラスを何といいますか。 （　　　　　　）

(3) けんび鏡で観察するとき、図1の④につけた花粉に何というガラスをかけますか。

（　　　　　　）

記述▶ (4) 図2のけんび鏡は、どのような場所に置いて使いますか。明るさについて答えましょう。

（　　　　　　）

(5) 図3のあ、いのうち、ヘチマの花粉はどちらですか。

（　　　　　　）

(6) 花粉をより大きくして観察したいときは、対物レンズを倍率の高いもの、倍率の低いもののどちらにかえますか。 （　　　　　　）

(7) (6)のように、対物レンズの倍率をかえるとき、けんび鏡の何という部分を回しますか。

（　　　　　　）

勉強した日　月　日

2 おしべのはたらき①

基本のワーク

学習の目標
花粉がめしべの先につくと実ができることを理解しよう。

教科書 72〜79ページ　答え 9ページ

図を見て、あとの問いに答えましょう。

1 花粉のはたらき(ヘチマ)

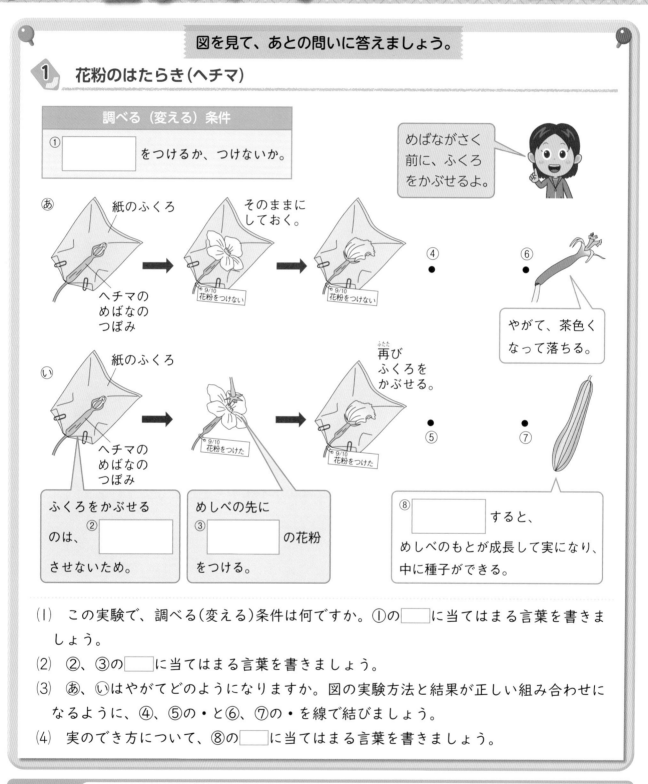

調べる（変える）条件
①［　　　］をつけるか、つけないか。

めばながさく前に、ふくろをかぶせるよ。

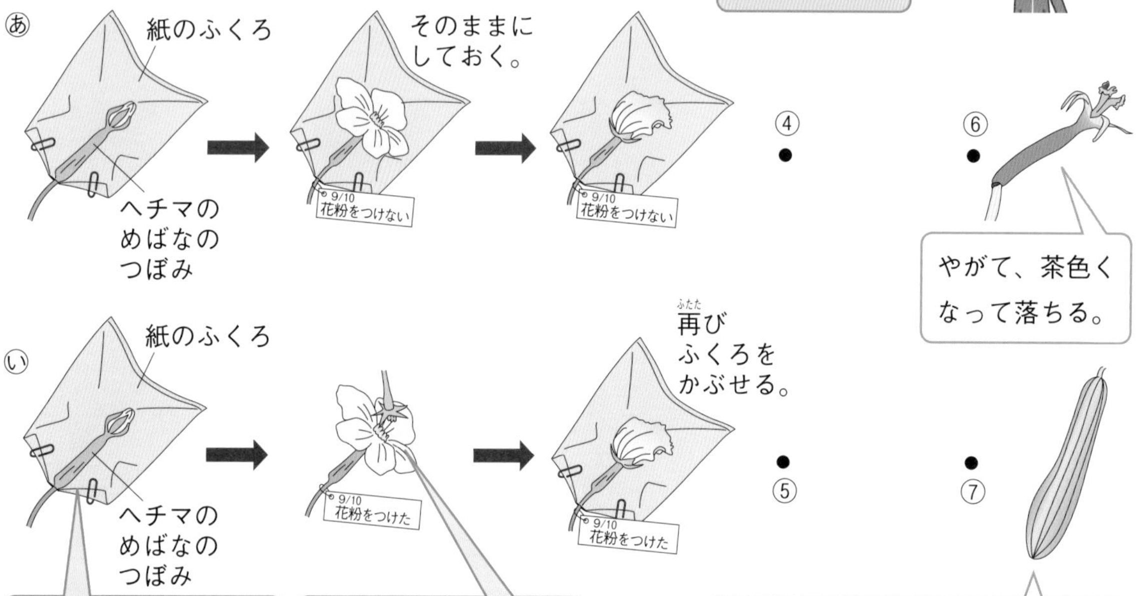

あ
紙のふくろ
ヘチマのめばなのつぼみ
そのままにしておく。
9/10 花粉をつけない
9/10 花粉をつけない
④
⑥
やがて、茶色くなって落ちる。
い
紙のふくろ
ヘチマのめばなのつぼみ
9/10 花粉をつけた
再び(ふたた)ふくろをかぶせる。
9/10 花粉をつけた
⑤
⑦

ふくろをかぶせるのは、②［　　　］させないため。

めしべの先に③［　　　］の花粉をつける。

⑧［　　　］すると、めしべのもとが成長して実になり、中に種子ができる。

(1) この実験で、調べる(変える)条件は何ですか。①の［　］に当てはまる言葉を書きましょう。

(2) ②、③の［　］に当てはまる言葉を書きましょう。

(3) あ、いはやがてどのようになりますか。図の実験方法と結果が正しい組み合わせになるように、④、⑤の・と⑥、⑦の・を線で結びましょう。

(4) 実のでき方について、⑧の［　］に当てはまる言葉を書きましょう。

まとめ　〔 実　種子 〕から選んで(　)に書きましょう。

●ヘチマは受粉(じゅふん)すると、めしべのもとが成長して①(　　　　)になり、実の中には②(　　　　)ができる。

わくわくたんてい団　くだものをつくる農家では、実を確実につけさせるため、自然に受粉するのを待つのではなく、人の手で花粉をめしべの先につけることがあります。

練習のワーク

教科書 72〜79ページ 答え 9ページ

1 次の図のようにして、ヘチマの実のでき方を調べました。あとの問いに答えましょう。

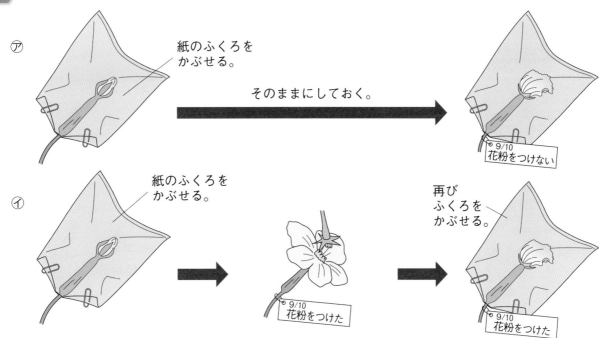

ⓐ 紙のふくろをかぶせる。 そのままにしておく。 9/10 花粉をつけない

ⓑ 紙のふくろをかぶせる。 9/10 花粉をつけた 再びふくろをかぶせる。 9/10 花粉をつけた

(1) ふくろをかぶせるのは、ヘチマのおばなとめばなのどちらですか。 （ 　　 ）

(2) つぼみにふくろをかぶせるのは、自然に何が起こることを防ぐためですか。

（ 　　　　　 ）

(3) 図のⓑで、花の何というつくりの先に花粉をつけますか。 （ 　　 ）

(4) (3)のつくりの先に花粉がつくことを何といいますか。 （ 　　 ）

(5) めしべのもとがふくらんだのは、図のⓐ、ⓑのどちらですか。 （ 　 ）

(6) めしべのもとがふくらんで成長すると、何になりますか。 （ 　　 ）

(7) 成長した(6)の中には、何ができますか。 （ 　　 ）

(8) この実験から、実ができるためにはどうすることが必要であることがわかりますか。

（ 　　　　　 ）

2 図のⓐ、ⓑは、つぼみのときと花がさいた後のヘチマのめしべの先を表したものです。

(1) ヘチマのめしべは、めばなとおばなの
どちらについていますか。

（ 　　 ）

ⓐ  　 ⓑ

(2) ⓐのめしべの先には、花粉がついてい
ました。ⓐは、つぼみのときのようすで
すか、花がさいた後のようすですか。

（ 　　 ）

(3) 自然の状態では、ヘチマの花粉は、風とこん虫のどちらによってめしべの先まで運ばれま
すか。

（ 　　 ）

2　おしべのはたらき②
基本のワーク

学習の目標
アサガオの実のでき方と、花粉が運ばれる方法を理解しよう。

教科書　72〜79ページ　　答え　10ページ

図を見て、あとの問いに答えましょう。

1　花粉のはたらき（アサガオ）

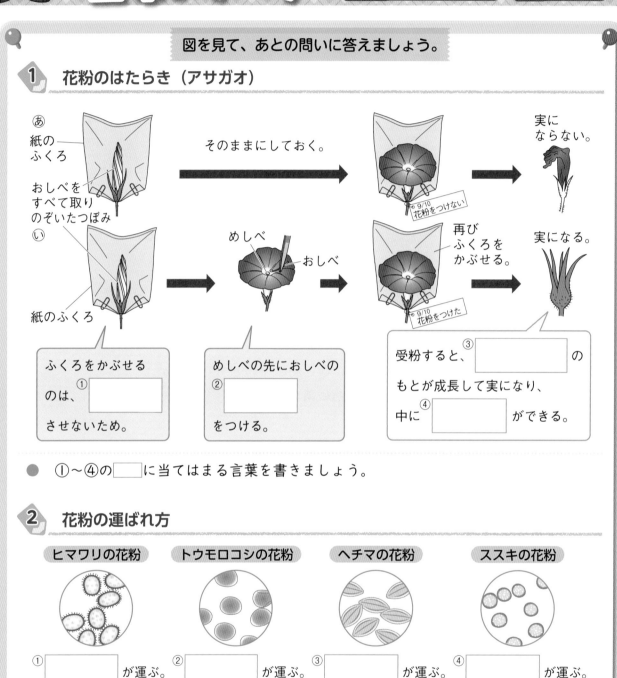

あ　紙のふくろ
おしべをすべて取りのぞいたつぼみ
い　紙のふくろ
そのままにしておく。
9/10 花粉をつけない
実にならない。
めしべ　おしべ
再びふくろをかぶせる。
9/10 花粉をつけた
実になる。

ふくろをかぶせるのは、① [　　] させないため。

めしべの先におしべの② [　　] をつける。

受粉すると、③ [　　] のもとが成長して実になり、中に④ [　　] ができる。

● ①〜④の [　] に当てはまる言葉を書きましょう。

2　花粉の運ばれ方

ヒマワリの花粉　　トウモロコシの花粉　　ヘチマの花粉　　ススキの花粉

① [　　] が運ぶ。　② [　　] が運ぶ。　③ [　　] が運ぶ。　④ [　　] が運ぶ。

● 花粉はめしべの先に何によって運ばれますか。①〜④の [　] に、「風」か「こん虫」かを書きましょう。

まとめ　〔 おしべ　風　めしべ　受粉 〕から選んで（　）に書きましょう。

● ①（　　　）の先に②（　　　）の花粉がつくことを③（　　　）という。

● 花粉は、こん虫のほかにも、④（　　　）によって運ばれることがある。

 オシロイバナは、こん虫によっても受粉しますが、おしべとめしべを丸めて自分で受粉することもできます。

練習のワーク

❶　右の図は、花粉のはたらきについて調べる実験をするために、アサガオのつぼみに行った
ことを表したものです。次の問いに答えましょう。

(1)　つぼみから取りのぞいた㋐は何ですか。

(　　　　　　　)

(2)　つぼみからは、㋐を何本取りのぞきますか。次のア～ウから
選びましょう。　　　　　　　　　　　　　　(　　　　)

　ア　1本　　イ　2～3本　　ウ　すべて

(3)　㋐を取りのぞくのはなぜですか。次のア、イから選びましょ
う。　　　　　　　　　　　　　　　　　　　(　　　　)

　ア　自然に受粉しないようにするため。

　イ　花が開かないようにするため。

❷　花粉のはたらきを調べるため、アサガオのつぼみのおしべをすべて取りのぞいてからふく
ろをかぶせました。花がさいた後、㋐はふくろをかぶせたままにしておき、㋑は花粉をつけた
後、再びふくろをかぶせておきました。あとの問いに答えましょう。

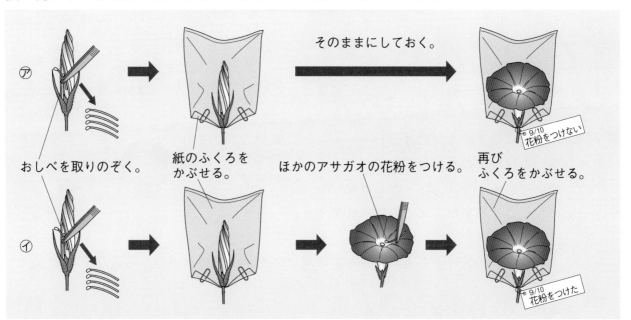

(1)　つぼみにふくろをかぶせたのはなぜですか。次のア、イから選びましょう。　(　　　　)

　ア　つぼみの温度を一定にするため。

　イ　ほかのアサガオの花粉がつかないようにするため。

(2)　めしべのもとが成長したのは、㋐、㋑のどちらですか。　　　　　　　(　　　　)

(3)　めしべのもとが成長すると、何になりますか。　　　　　　　　　　　(　　　　)

(4)　成長した(3)の中には、何ができますか。　　　　　　　　　　　　　(　　　　)

(5)　この実験から、実ができるためにはどうすることが必要だとわかりますか。

(　　　　　　　)

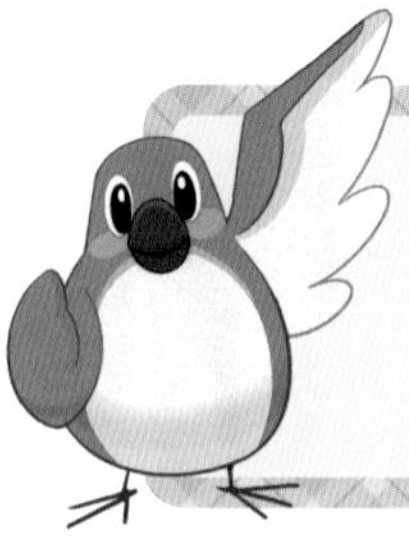

まとめのテスト②

4　実や種子のでき方

勉強した日　月　日

時間20分

得点　/100点

教科書　72～79ページ　答え　10ページ

[よく出る] **1** [花粉のはたらき] 次の図の㋐、㋑のように、ヘチマのめばなにふくろをかぶせました。花がさいた後、㋐はおしべの花粉をつけて再びふくろをかぶせ、㋑はふくろをかぶせたままにしました。あとの問いに答えましょう。

1つ6〔42点〕

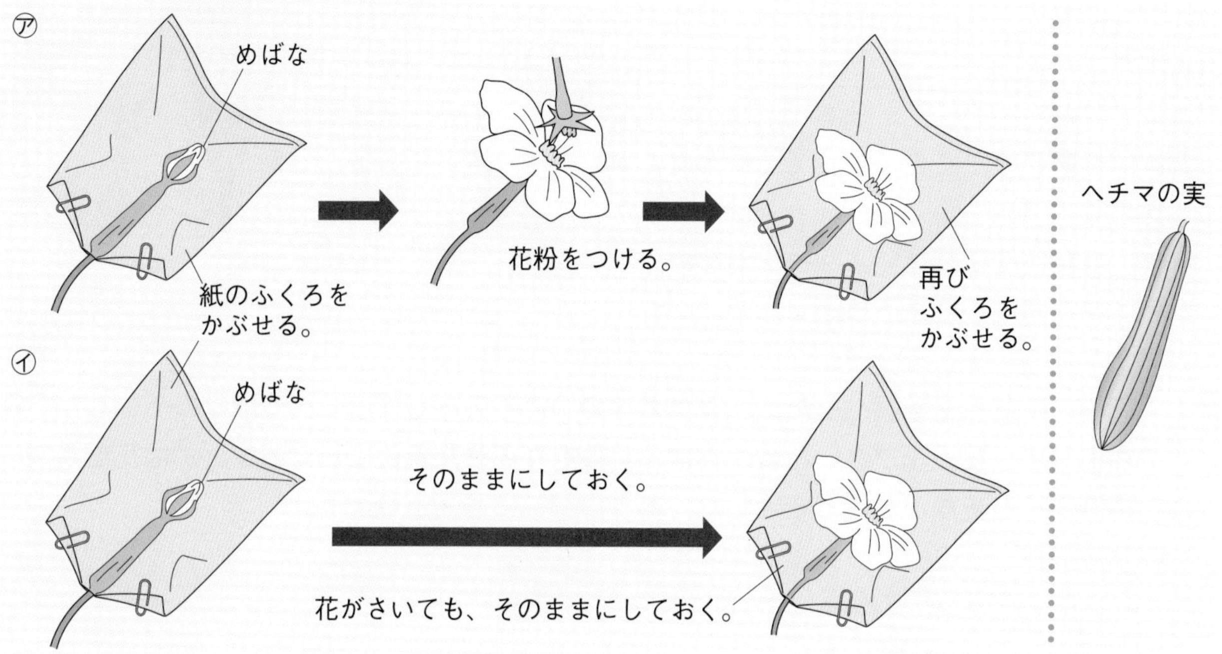

㋐
めばな
紙のふくろをかぶせる。
花粉をつける。
再びふくろをかぶせる。
ヘチマの実
㋑
めばな
そのままにしておく。
花がさいても、そのままにしておく。

(1)　ふくろをかぶせるのは、ヘチマのどのような花ですか。次のア～ウから選びましょう。（　　）

ア　次の日にさきそうなめばな
イ　さいたばかりのめばな
ウ　さいてから1日以上たっためばな

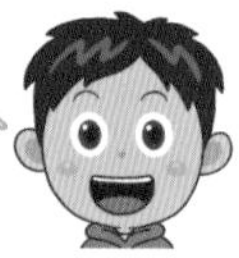

めしべが外から見えないときのものを使うよ。

[記述] (2)　めばなにふくろをかぶせるのはなぜですか。
（　　　　　　　　　　　　　　　　）

(3)　この実験では、㋐と㋑で何の条件を変えていますか。次のア～ウから選びましょう。（　　）

ア　花にふくろをかぶせるかどうか。
イ　めしべに花粉をつけるかどうか。
ウ　花を日光に当てるかどうか。

(4)　やがて実ができるのは、㋐、㋑のどちらですか。（　　）

(5)　この実験から、ヘチマに実ができるためにはどうすることが必要であることがわかりますか。（　　　　　　　　）

(6)　実の中には何ができていますか。（　　　　）

[記述] (7)　ヘチマのおばなは、花がさいた後どうなりますか。
（　　　　　　　　）

2 花粉のはたらき 明日花がさきそうなアサガオのつぼみを使って、次の図のような実験を
しました。あとの問いに答えましょう。

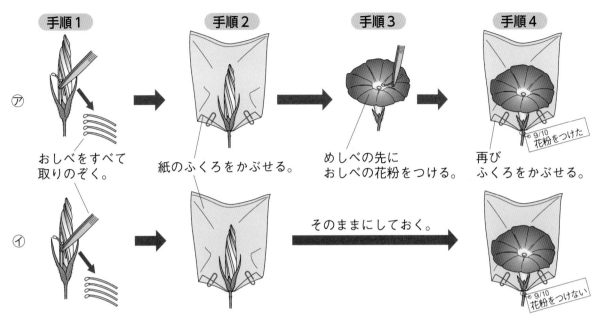

| 手順1 | 手順2 | 手順3 | 手順4 |

㋐ おしべをすべて
取りのぞく。　　紙のふくろをかぶせる。　　めしべの先に
おしべの花粉をつける。　　再び
ふくろをかぶせる。

9/10
花粉をつけた

㋑　　　　　そのままにしておく。

9/10
花粉をつけない

 (1)　手順1で、アサガオのつぼみからおしべをすべて取りのぞくのはなぜですか。

(　　　　　　　　　　　　　　　　　　　　　　　　　　　　　　　　　　　)

(2)　手順3で、どのようなおしべの花粉をつけますか。正しい方に○をつけましょう。

①(　　　)ほかのアサガオの花から取ったおしべ

②(　　　)ヘチマの花から取ったおしべ

(3)　花がしぼんだ後、㋐、㋑はどのようになると考えられますか。次のア、イからそれぞれ選
びましょう。　　　　　　　　　　　　　　　　　　　㋐(　　　)　㋑(　　　)

ア　やがて実ができる。

イ　やがてかれて、落ちてしまう。

(4)　花のつくりで、どの部分が成長して実になりますか。

(　　　　　　　　　　　　　　　　　　　　　　　　　　　　)

(5)　この実験の結果から、どのようなことがわかりますか。次のア～ウから選びましょう。

(　　　　)

ア　花がさいた後には、必ず実ができる。

イ　めしべがあれば、必ず実ができる。

ウ　めしべの先に花粉がつくと、実ができる。

3 花粉のはたらきと運ばれ方 花粉のはたらきと運ばれ方について、次の問いに答えましょ
う。

(1)　花粉がめしべの先につくことを何といいますか。　　　　　　　(　　　　　　　)

(2)　トウモロコシ、ヒマワリ、ヘチマの花粉は、どのようにしてめしべの先まで運ばれますか。
次のア、イからそれぞれ選びましょう。

トウモロコシ(　　　)　ヒマワリ(　　　)　ヘチマ(　　　)

ア　こん虫の体について運ばれる。

イ　風によって運ばれる。

1　雲と天気

基本のワーク

学習の目標
雲のようすの変化と天気の変化の関係を理解しよう。

教科書 | 80〜85ページ　　答え | 11ページ

図を見て、あとの問いに答えましょう。

1　天気の決め方

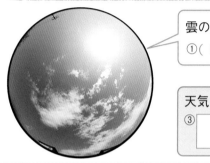

雲の量は
①（ ０　３　９ ）

↓

天気は
③ ☐

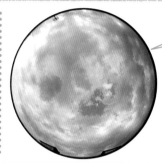

雲の量は
②（ ０　３　９ ）

↓

天気は
④ ☐

(1)　空全体の広さを10としたとき、それぞれの雲の量はいくつですか。①、②の（　）のうち、正しいものを◯で囲みましょう。

(2)　雨がふっていないとき、それぞれの天気は「晴れ」、「くもり」のどちらですか。③、④の☐に書きましょう。

2　雲のようす

午前10時　　　　　　　　　　　　　　　　　　午後2時

黒っぽい雲が空全体に広がっていて、
天気は①（ 晴れ　くもり ）である。

白い雲が少しだけあり、
天気は②（ 晴れ　くもり ）である。

雲の量、色、形は、③（ 時間がたつと変わる　時間がたっても変わらない ）。

● ①〜③の（　）のうち、正しい方を◯で囲みましょう。

まとめ　〔 天気　雲 〕から選んで（　）に書きましょう。

● ①（　　　　　）の量や色、形は時間がたつと変わり、雲のようすが変化すると、

② ②（　　　　　）も変化することがある。

わくわくたんてい団　春では、雲が西から東へ移動することで、晴れの日とくもりや雨の日がくり返しやってきます。

練習のワーク

教科書 80〜85ページ　答え 11ページ

1 次のメモは、ある日の午前と午後の空のようすを観察したものです。あとの問いに答えましょう。

> 午前10時　くもり
> ・黒い雲におおわれているが、西の空が明るくなってきている。
> ・雲は西から東へと、ゆっくりと動いている。

> 午後3時　晴れ
> ・空をおおっていた黒い雲は東の空へと移動している。
> ・白いうすい雲が出ている。

(1) 晴れとくもりの天気は、何の量で決めますか。　（　　　　　　）

(2) 空全体の広さを10としたとき、(1)の量がいくつのときの天気をくもりとしますか。次のア〜ウから選びましょう。　（　　　　　　）

　　ア　5〜10　　イ　7〜10　　ウ　9、10

(3) 午前10時から午後3時にかけて、(1)の量はどのようになりましたか。次のア〜ウから選びましょう。　（　　　　　　）

　　ア　減った。　　イ　増えた。　　ウ　変わらなかった。

(4) 雲のようすの変化と天気との関係として正しいものを、次のア〜ウから選びましょう。

　　　　　　　　　　　　　　　　　　　　　　　　　　　　（　　　　　　）

　　ア　1日のうちで雲の量は変化しないので、午前と午後では必ず同じ天気になる。

　　イ　雲の量や位置は時間とともに変化するので、1日のうちでも天気は変化する。

　　ウ　黒色の雲が増えてくると、天気は晴れになることが多い。

2 いろいろな雲と天気の変化について、次の問いに答えましょう。

(1) 次の①〜③の雲について書かれた文を、下のア〜ウからそれぞれ選びましょう。

　　①（　　　　　）　　　　②（　　　　　）　　　　③（　　　　　）

　　ア　低い空から高い空まで高く広がる雲で、短時間に多くの雨をふらせることがある。かみなり雲ともよばれる。

　　イ　白くまだらな雲で、この雲がすぐに消えると、晴れることが多い。

　　ウ　低い空に広がるはい色や黒色の厚い雲で、雨をふらせることが多い。

(2) (1)の①〜③の雲を何といいますか。次のア〜ウからそれぞれ選びましょう。

　　　　　　　　　　　　　①（　　　　　）②（　　　　　）③（　　　　　）

　　ア　積乱雲（入道雲）　イ　乱層雲（雨雲）　ウ　巻積雲（うろこ雲）

2　天気の予想

基本のワーク

教科書 86〜95、140〜143、180〜181ページ　答え 11ページ

学習の目標・
天気はおよそ西から東へと変化することを理解しよう。

図を見て、あとの問いに答えましょう。

①　気象情報

気象衛星の雲画像

①のない地いきの天気は
②□□□□□ である。

白い部分は①□□□□□ を表している。

アメダスのこう雨情報

強
↕
弱

□は ③(風の強さ　雨の量)を表す。

(1)　気象衛星の雲画像について、①、②の□□□に当てはまる言葉を書きましょう。

(2)　アメダスのこう雨情報について、③の( )のうち、正しい方を◯で囲みましょう。

②　天気の変化

10月10日

九州地方　10月11日

10月12日の九州地方の
天気は②□□□□□
と予想できる。

日本付近の雲は西から東に動いていくので、天気も①(東から西　西から東)へ変化する。

(1)　①の( )のうち、正しい方を◯で囲みましょう。

(2)　②の□□□に当てはまる天気を、「晴れ」と「雨」から選んで書きましょう。

まとめ　〔 東　西 〕から選んで( )に書きましょう。

●雲は西から東へ動いていき、天気も①( )から②( )へと変化するため、天気を予想するときは、③( )の地いきの天気が手がかりになる。

はってん
<天気の変化>雲は西から東に移動することが多いです。これは、日本の上空で強い西風がふき、その風に雲がおし流されるからです。このため、天気も西の方から変化します。

練習のワーク

練習のワーク

教科書 86〜95、140〜143、180〜181ページ　答え 11ページ

1 次の上の3つの写真は、気象衛星の雲画像です。下の3つの写真は、上の雲画像と同じ日時の大阪の空のようすを表したものです。あとの問いに答えましょう。

9月30日午後3時　　　10月1日午後3時　　　10月2日午後3時

 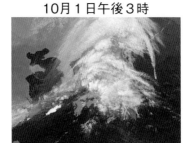 

大阪の空のようすと天気

(1) この3日間、日本付近の雲はおよそどのように移動していき、天気はどのように変わっていきましたか。( )に当てはまる方位を東、西、南、北から選んで書きましょう。

　　雲は、①(　　　　　)から②(　　　　　)へと移動していき、天気も③(　　　　　)から④(　　　　　)へと変わっていった。

(2) 空をおおう雲が多くなると、その地いきの天気はどのようになりますか。次のア、イから選びましょう。　　　　　　　　　　　　　　(　　)

　ア　晴れることが多い。　　イ　くもりや雨になることが多い。

(3) この3日間、東京の天気はどのように変化したと考えられますか。次のア〜ウから選びましょう。　　　　　　　　　　　　　　(　　)

　ア　くもり→晴れ→雨
　イ　雨→くもり→晴れ
　ウ　晴れ→雨→晴れ

(4) 10月3日の大阪の天気はどのようになると予想できますか。次のア、イから選びましょう。　　　　　　　　　　　　　　(　　)

　ア　ほとんど雲がなく、晴れている。
　イ　多くの雲におおわれ、やがて雨がふる。

(5) 「秋のよいやけかまをとげ」という天気のことわざがあります。このことわざの意味を表した次の文の( )に当てはまる天気を書きましょう。

　　西の空に太陽をかくすような雲がない、秋の夕焼けの次の日は、(　　　　　)になることが多いので、かまをといで、いねかりの準備をしなさい。

まとめのテスト

5 雲と天気の変化

1 　天気と雲 　次の写真は、ある日の午前10時と午後2時の空のようすを表したものです。あとの問いに答えましょう。

1つ5〔30点〕

午前10時　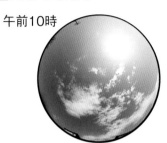　　午後2時　

(1) 天気の晴れとくもりは、何によって決めますか。　（　　　）

(2) 空全体の広さを10としたとき、くもりとするのは(1)がどのはんいのときですか。次のア〜エから選びましょう。　（　　　）

　　ア 5〜10　　イ 6〜10　　ウ 8〜10　　エ 9、10

(3) (1)が7で、雨がふっているときの天気は何ですか。　（　　　）

(4) この日の午前10時の天気は、晴れとくもりのどちらですか。　（　　　）

(5) 雲の量は、午前10時から午後2時にかけてどのように変化しましたか。次のア〜ウから選びましょう。　（　　　）

　　ア 増えた。　　イ 減った。　　ウ 変わらなかった。

(6) 雲のようすが変わると、天気が変化することがありますか。　（　　　）

2 　いろいろな雲 　次の写真の雲について、あとの問いに答えましょう。

1つ5〔25点〕

① 　　② 　　③

(1) ①〜③の雲をそれぞれ何といいますか。次のア〜エからそれぞれ選びましょう。

　　①（　　　）　②（　　　）　③（　　　）

　　ア 巻積雲(うろこ雲)　　イ 乱層雲(雨雲)　　ウ 積乱雲　　エ 巻雲(すじ雲)

(2) ①〜③の雲のうち、低い空に見られる厚い雲で、雨をふらせることが多いのはどれですか。

　　　（　　　）

(3) 雲と雨について、次のア、イから正しい方を選びましょう。　（　　　）

　　ア どの形の雲でも、その雲の下では雨がふっている。

　　イ 雲には、雨をふらせる雲と、雨をふらせない雲がある。

3 [気象情報] 次の㋐は、9月3日の気象衛星の雲画像で、㋑はそのときのこう雨情報です。あとの問いに答えましょう。 1つ5〔15点〕

㋐
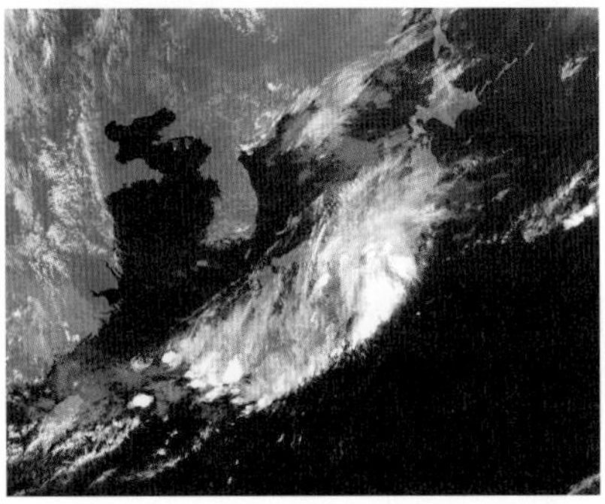

㋑
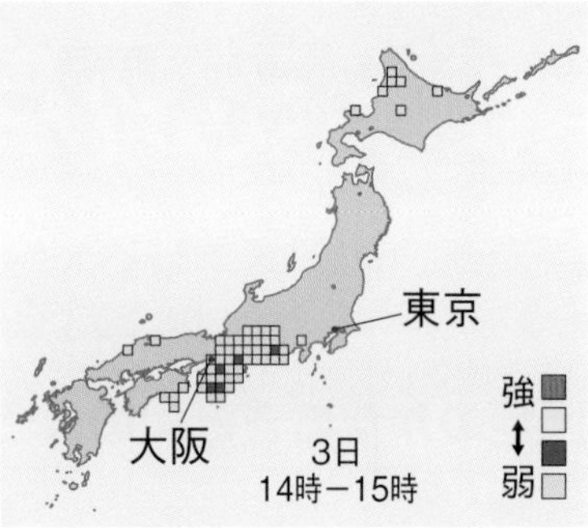

(1) ㋐と㋑から、このときの東京の天気は、くもり、雨のどちらであったと考えられますか。 (　　　)

SDGs (2) ㋑のこう雨情報などを集める、地いき気象観測（かんそく）システムを何といいますか。カタカナで書きましょう。 (　　　)

チャレンジ! (3) 9月4日14時−15時の大阪の天気を予想して答えましょう。 (　　　)

4 [天気の変わり方] 次の㋐、㋑の雲画像は、10月5日の午後3時と10月6日の午後3時のどちらかのものです。また、㋒はどちらかの日のこう雨情報で、㋓はどちらかの日の名古屋（なごや）の空の写真です。あとの問いに答えましょう。 1つ6〔30点〕

㋐
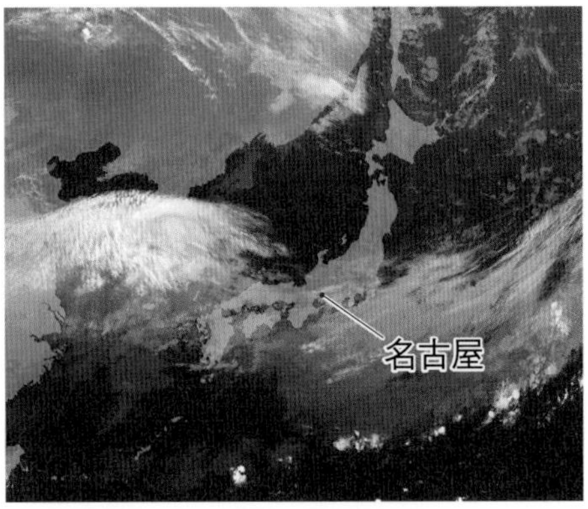

㋑
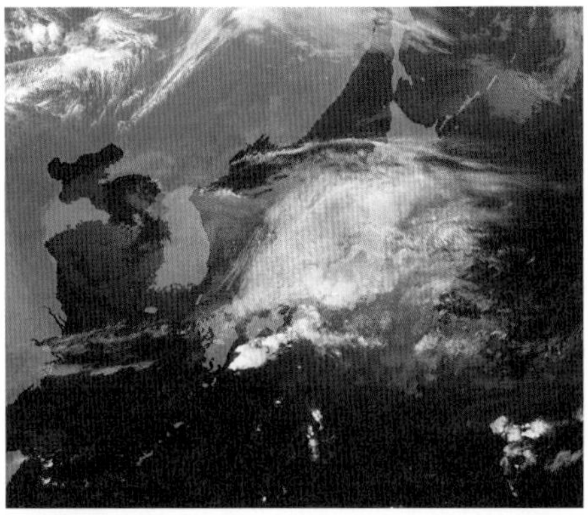

㋒午後2時～3時のこう雨情報
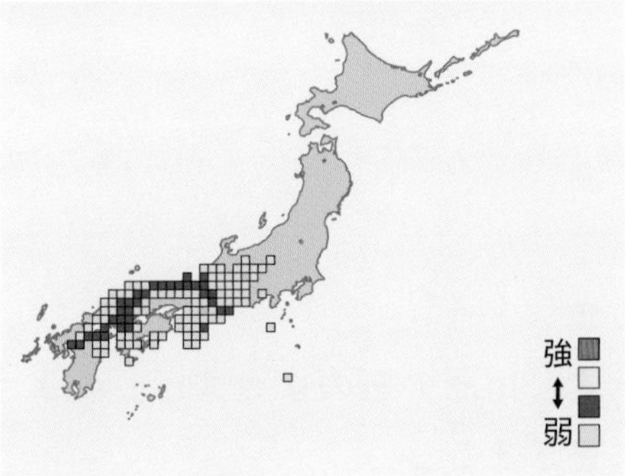

㋓名古屋の空
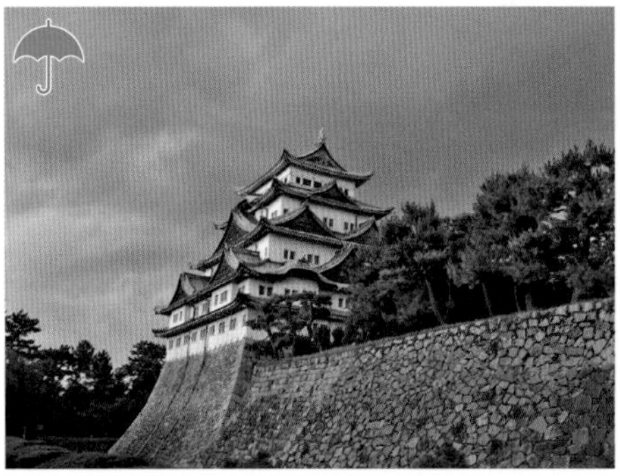

(1) 雲画像の白い部分には、何がありますか。 (　　　)

(2) 10月5日の午後3時の雲画像を、㋐、㋑から選びましょう。 (　　　)

(3) ㋒のこう雨情報は、㋐、㋑のどちらのときのものですか。 (　　　)

(4) ㋓の写真は、㋐、㋑のどちらのときの名古屋の空ですか。 (　　　)

記述 (5) 日本付近では、天気はおよそどちらからどちらの方位へ変わっていきますか。
(　　　)

勉強した日 月 日

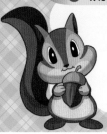

1 流れる水のはたらき①

基本のワーク

学習の目標
土地のかたむきによる川や川岸のようすのちがいを理解しよう。

教科書 96～102、181ページ　答え 12ページ

図を見て、あとの問いに答えましょう。

1 土地のかたむきと川のようす

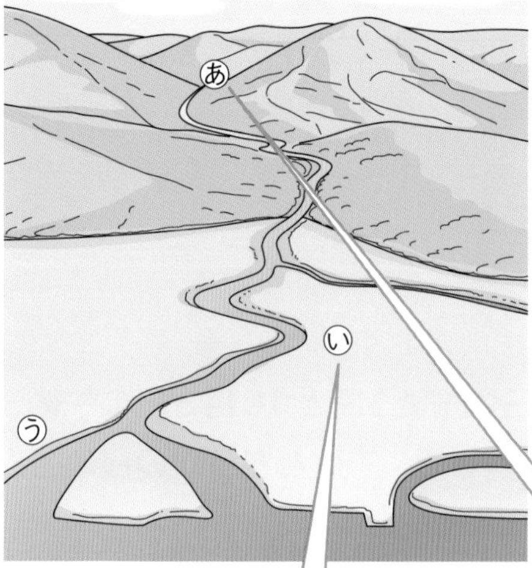

[あ]
[い]
[う]

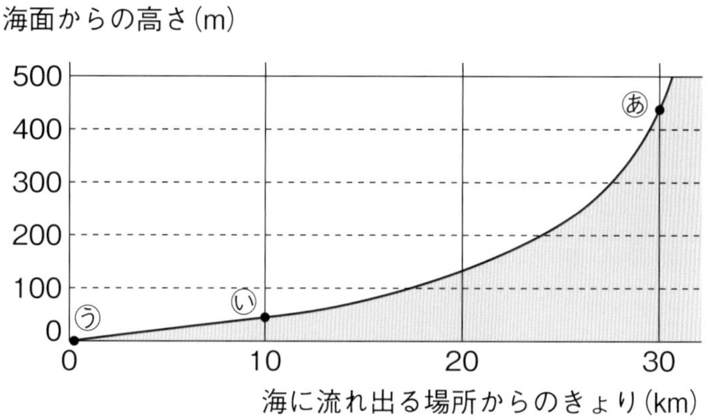

海面からの高さ(m)
500
400
300
200
100
0
[あ]
[い]
[う]
0
10
20
30
海に流れ出る場所からのきょり(km)

平地は、土地のかたむきが②(大きい　小さい)。

山の中は、土地のかたむきが①(大きい　小さい)。

	山の中	平地
場所	[あ]	[い]
川はば	③	④
水の流れのようす	⑤	⑥
川原の石のようす	⑦	⑧

(1) ①、②の( )のうち、正しい方を◯で囲みましょう。

(2) [あ]、[い]の場所での、川はば、水の流れのようす、川原の石のようすはどのようになっていますか。下の〔 〕から選んで、③～⑧に書きましょう。

〔 広い　せまい　速い　ゆるやか　大きな石　小さな石 〕

まとめ 〔 速い　大きい　せまく 〕から選んで( )に書きましょう。

●土地のかたむきが大きい山の中では、川はばが①(　　　　)、水の流れが②(　　　　)。また、川原で見られる石は③(　　　　)。

わくわくたんてい団　川の水の流れの速さを調べたいときは、木の葉など、川の水にうかぶものを水面に置いてみましょう。

勉強した日　月　日

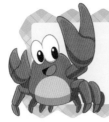

練習のワーク

教科書 96～102、181ページ　答え 12ページ

できた数　/11問中

1 **右の図の㋐～㋒の場所での、土地のかたむきと川はば、水の流れのようすを調べました。次の問いに答えましょう。**

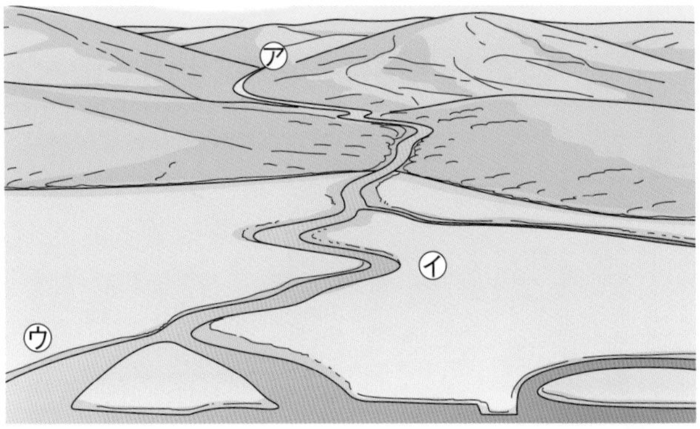

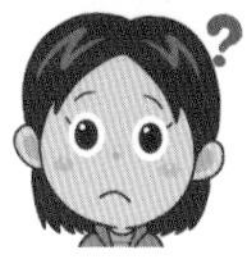

土地のかたむきと川のようすには関係があるのかな？

(1) 海面からの高さが最も低い場所を、㋐～㋒から選びましょう。　（　　）

(2) 海へ流れ出る場所からのきょりが最も長い場所を、㋐～㋒から選びましょう。　（　　）

(3) 土地のかたむきが最も大きい場所を、㋐～㋒から選びましょう。　（　　）

(4) 土地のかたむきが最も小さい場所を、㋐～㋒から選びましょう。　（　　）

(5) 川はばについて説明した文として正しいものに○をつけましょう。

①（　　）㋐、㋑での川はばを比べると、同じくらいである。

②（　　）㋐、㋑での川はばを比べると、㋐の方が広い。

③（　　）㋐、㋑での川はばを比べると、㋑の方が広い。

(6) ㋐、㋑で比べると、川の水の流れのようすはどのようになっていますか。次のア～ウから選びましょう。　（　　）

ア　どちらも同じ。　イ　㋐の方がゆるやか。　ウ　㋑の方がゆるやか。

2 **次の図は、ある川の山の中または平地の川原で見られる石のようすを表したものです。あとの問いに答えましょう。**

㋐

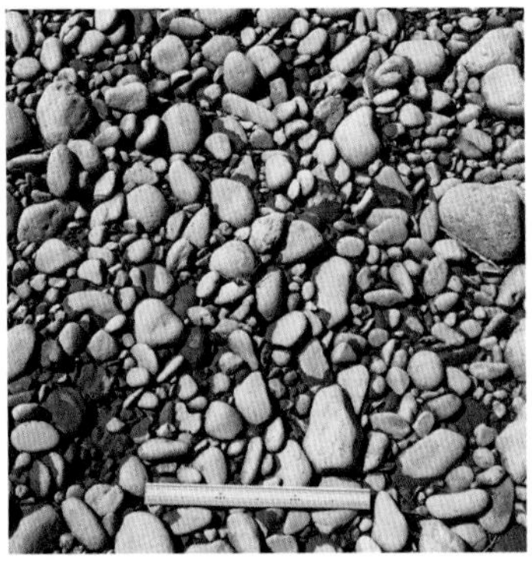

㋑

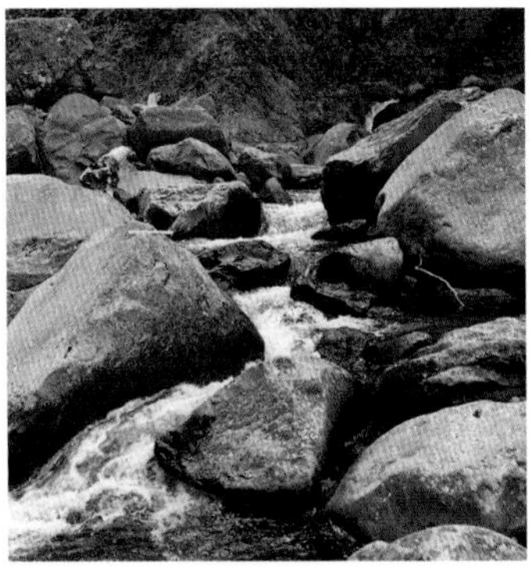

(1) かたむきが大きい土地の川原で見られる石を、㋐、㋑から選びましょう。　（　　）

(2) 次の（　）に当てはまる言葉や記号を、下の〔　〕から選んで書きましょう。

平地は、土地のかたむきが①（　　　）、図の②（　　　）のような③（　　　）石でできた④（　　　）い川原ができているところがある。

〔 大きく　小さく　㋐　㋑　大きな　小さな　広　せま 〕

1　流れる水のはたらき②

基本のワーク

学習の目標・
流れる水には、3つの
はたらきがあることを
確にんしよう。

教科書 103〜107ページ　　答え 12ページ

図を見て、あとの問いに答えましょう。

1 流れる水のはたらき（土山で調べる）

かたむきが大きい場所

かたむきが小さい場所

水の流れが速いのは、かたむきが
① (大きい　小さい) 場所で、土がより多く
② (けずられる　積もる)。

● ①、②の（ ）のうち、正しい方を◯で囲みましょう。

2 流れる水のはたらき（流水実験そう置で調べる）

地面のかたむきを変える

ⓘ高さ10cmくらいの台
ⓐ高さ5cmくらいの台

水がより速く流れるのは① (ⓐ　ⓘ) である。

一度に流す水の量を変える

ⓔ せんじょうびん2つ
ⓤ せんじょうびん1つ

水がより速く流れるのは② (ⓤ　ⓔ) である。

流れる水には、③ [　　　　] （地面をけずる）、④ [　　　　] （土を運ぶ）、
⑤ [　　　　] （土を積もらせる）の3つのはたらきがある。

(1)　①、②の（ ）のうち、正しい方を◯で囲みましょう。

(2)　③〜⑤の □ に当てはまる言葉を書きましょう。

まとめ 〔 大きく　たい積　速い 〕から選んで（ ）に書きましょう。

●流れる水には、しん食・運ぱん・①（ 　　　　 ）の3つのはたらきがあり、流れが
②（ 　　　　 ）としん食・運ぱんのはたらきが③（ 　　　　 ）なる。

わくわくたんてい団　上流の山おくの川のかたむきが大きいところでは水の流れが速く、しん食のはたらきがとても大きいので、川底がV字のようにけずられたV字谷ができます。

練習のワーク

1 土でつくった山の上から水を流し、図の㋐、㋑の場所で水の流れ方やはたらきを調べました。次の問いに答えましょう。

(1) ㋐、㋑のうち、水の流れがより速い方を選びましょう。
（　　　　　　）

(2) ㋐では、土がけずられますか、積もりますか。
（　　　　　　）

(3) ㋑では、土がけずられますか、積もりますか。

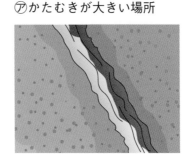㋐かたむきが大きい場所

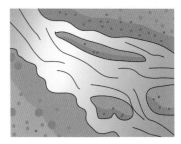㋑かたむきが小さい場所

（　　　　　　）

2 流水実験そう置を同じ高さの台にのせ、せんじょうびん1つと2つで水を流しました。次の問いに答えましょう。

(1) この実験で、変えている条件は何ですか。正しいものに〇をつけましょう。
① (　　) 地面の高さ
② (　　) 地面のかたむき
③ (　　) 水の量

(2) 水がより速く流れるのは、水を流したせんじょうびんが1つのときですか、2つのときですか。
（　　　　　　）

せんじょうびん

(3) 流れる水がにごっているのは、水に何がふくまれているからですか。
（　　　　　　）

(4) 流水実験そう置に水を流した後で、土がけずられている場所を調べました。土がより多くけずられているのは、水を流したせんじょうびんが1つのときですか、2つのときですか。
（　　　　　　）

3 流れる水のはたらきについてまとめました。次の問いに答えましょう。

(1) 次の①〜③の流れる水のはたらきを、それぞれ何といいますか。
① 地面をけずるはたらき （　　　　　　）
② けずった土を運ぶはたらき （　　　　　　）
③ 運んだ土を積もらせるはたらき （　　　　　　）

(2) 水の流れが速いときに大きくなるのは、どのはたらきですか。2つ答えましょう。
（　　　　　　）
（　　　　　　）

(3) 水の流れがゆるやかなときに大きくなるのは、どのはたらきですか。 （　　　　　　）

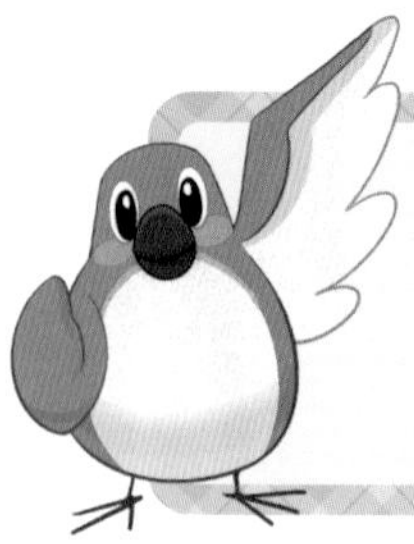

まとめのテスト①

6　流れる水のはたらき

勉強した日　　月　　日

時間20分

得点　　/100点

教科書 96〜107、181ページ　答え 13ページ

1 土地のかたむきと川のようす　右の図は、ある川についての海に流れ出る場所からのきょりと海面からの高さを表したものです。図の㋐〜㋒は、平地、海に流れ出る場所、山の中のどこかを表しています。次の問いに答えましょう。　1つ4〔20点〕

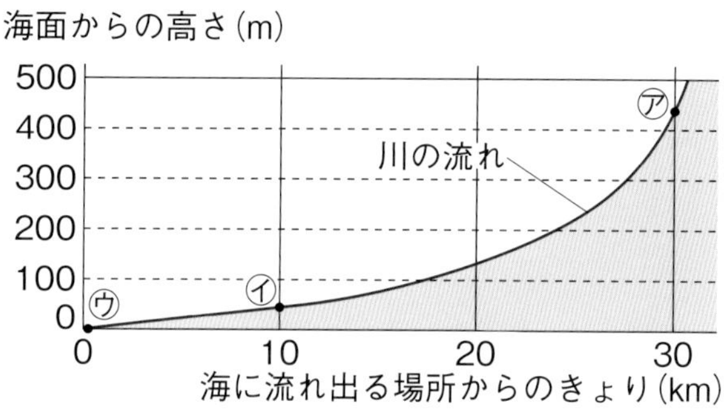

(1)　土地のかたむきが最も大きい場所を、図の㋐〜㋒から選びましょう。　(　　　)

(2)　海に流れ出る場所を、図の㋐〜㋒から選びましょう。　(　　　)

(3)　川はばがせまい方を、図の㋐、㋑から選びましょう。　(　　　)

(4)　水の流れがゆるやかな方を、図の㋐、㋑から選びましょう。　(　　　)

(5)　小さい石でできた広い川原ができていると考えられる方を、図の㋐、㋑から選びましょう。　(　　　)

2 土山を流れる水　土山の上から水を流したところ、右の図のようになりました。次の問いに答えましょう。　1つ4〔32点〕

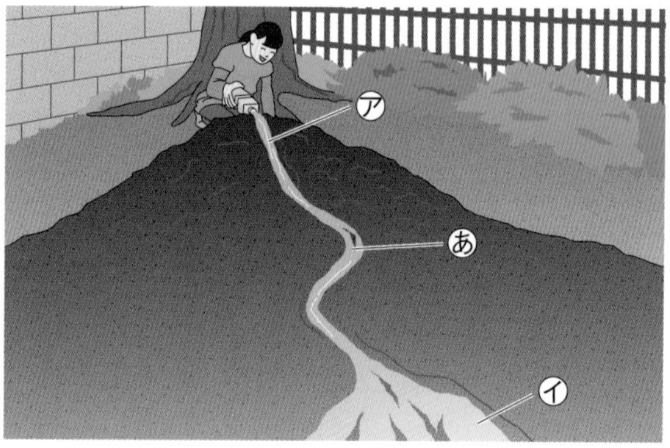

(1)　水の流れが速い方を、図の㋐、㋑から選びましょう。　(　　　)

(2)　土をけずるはたらきが大きい方を、図の㋐、㋑から選びましょう。　(　　　)

(3)　流れる水が土をけずるはたらきを何といいますか。　(　　　)

(4)　図の[あ]で、流れる水の量が少ないときのようすとして、正しい方に○をつけましょう。

①(　　　)水の流れが速く、水がにごっている。

②(　　　)水の流れがゆるやかで、水がすんでいる。

(5)　流れる水のはたらきのうち、けずった土を運ぶはたらきを何といいますか。　(　　　)

(6)　けずった土を運ぶはたらきが大きい方を、図の㋐、㋑から選びましょう。　(　　　)

(7)　一度に流す水の量を増やすと、流れる水の速さは、速くなりますか、ゆるやかになりますか。　(　　　)

(8)　一度に流す水の量を増やすと、土をけずるはたらきはどうなりますか。次のア〜ウから選びましょう。　(　　　)

ア　大きくなる。　　イ　小さくなる。　　ウ　変わらない。

3 流れる水のはたらき 右の図のように、流水実験そう置を使って、流れる水のようすとはたらきを調べました。次の問いに答えましょう。

1つ4〔48点〕

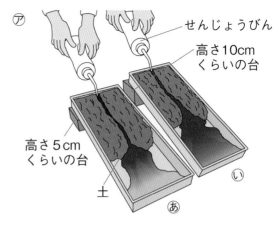

(1) ㋐は、流水実験そう置を高さのちがう台にのせ、せんじょうびん1つで、水を流して調べたものです。㋐の実験で、そろえる条件と調べる条件を、それぞれ下の〔 〕から選んで書きましょう。

そろえる条件（　　　　　　　　　　）

調べる条件　（　　　　　　　　　　）

〔 水の量　　地面のかたむき 〕

(2) ㋐で、水が、より速く流れる方を、図の㋐、㋑から選びましょう。（　　　　）

(3) ㋐で、土が、より多くけずられる方を、図の㋐、㋑から選びましょう。（　　　　）

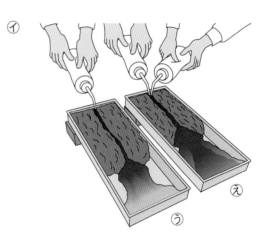

(4) ㋐で、土がより多く積もる方を、図の㋐、㋑から選びましょう。（　　　　）

(5) 流れる水のはたらきのうち、土を積もらせるはたらきを何といいますか。

（　　　　　　　　　　）

(6) 土がより多く積もる場所は、水の流れがどのようになっている場所ですか。正しい方に○をつけましょう。

①（　　　）ゆるやかになっている場所　　②（　　　）速くなっている場所

(7) ㋑は、流水実験そう置を同じ高さの台にのせ、せんじょうびん1つと、せんじょうびん2つで水を流して調べたものです。㋑の実験で、そろえる条件と調べる条件を、それぞれ下の〔 〕から選んで書きましょう。

そろえる条件（　　　　　　　　　　　）

調べる条件　（　　　　　　　　　　　）

〔 水の量　　地面のかたむき 〕

(8) ㋑で、水の流れるようすとして正しいものを、次のア〜エから選びましょう。（　　　　）

ア　㋒の方が速く流れる。

イ　㋔の方が速く流れる。

ウ　㋒の方が速く流れたり、㋔の方が速く流れたりする。

エ　㋒も㋔も流れる速さは同じである。

(9) ㋑で、土がより多くけずられる方を、㋒、㋔から選びましょう。　　　　　　（　　　　）

(10) ㋑で、流れる水のようすとして正しいものに○をつけましょう。

①（　　　）㋒、㋔ともにすんでいる。

②（　　　）㋒、㋔ともに同じくらいにごっている。

③（　　　）㋒、㋔ともににごっているが、㋒の方が色がこい。

④（　　　）㋒、㋔ともににごっているが、㋔の方が色がこい。

2　川原の石のようす

基本のワーク

学習の目標・
川の場所によって川原
の石のようすがちがう
ことを理解しよう。

教科書 108〜112ページ　答え 13ページ

図を見て、あとの問いに答えましょう。

1　川原の石のようす

①（ 上流　下流 ）の川原の石

②（ 上流　下流 ）の川原の石

石は流れる水に運ばれながら
③（ 丸く　角ばって ）、
④（ 大きく　小さく ）なる。

(1)　石が見られる場所について、①、②の（ ）のうち、正しい方を◯で囲みましょう。

(2)　流れる水のはたらきで、石はどのようになりますか。③、④の（ ）のうち、正しい
方を◯で囲みましょう。

2　流れる水のはたらきによる石のようすの変わり方

石のかわりに、生け花用スポンジを使った実験

2〜3cm角に切った
生け花用スポンジ

容器に切ったスポンジと水
を入れ、ふたをしてふる。

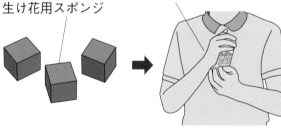

もとの　50回　100回　150回
大きさ　ふった後　ふった後　ふった後

川の水に流される
石も、同じように
形が変わるんだね。

ふった回数が多いほど、①□□□ がけずられ、

スポンジの大きさが ②□□□ なる。

● スポンジのようすについて、①、②の□□に当てはまる言葉を書きましょう。

まとめ　〔 小さく　丸み 〕から選んで（ ）に書きましょう。

- 流れる水のはたらきにより、石は角がけずられ、①（　　　　　　）をおびた形になる。
- 川原の石は下流にいくほど、より②（　　　　　　）なる。

海辺のすな浜のすなは、上流から河口へと運ばれる間に石どうしがぶつかり合うなどして
角がとれ、目でやっと見えるぐらいにまで小さくなったものです。

練習のワーク

教科書 108〜112ページ　答え 13ページ

1 川原の石のようすを調べました。次の問いに答えましょう。

(1) 上流と下流の川原の石のようすについて表にまとめました。①〜④の□□に当てはまる言葉を、下の〔 〕から選んで書きましょう。

	上流（山の中）	下流（平地）
石の形	①	②
石の大きさ	③	④

〔　小さい　　大きい　　角ばった形　　丸みをおびた形　〕

(2) 川原の石の形は、流れる水のはたらきによって、どのように変えられると考えられますか。正しい方に〇をつけましょう。

①（　　　）川の水に運ばれていくうちに、石どうしがぶつかり合うなどして、石が角ばっていく。

②（　　　）川の水に運ばれていくうちに、石どうしがぶつかり合うなどして、石が丸くなっていく。

2 次の図のようにして、生け花用スポンジを使い、石のようすの変わり方を調べる実験を行いました。あとの問いに答えましょう。

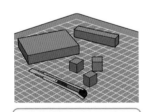 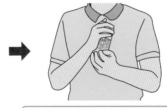

もとの　　50回　　100回　　150回
大きさ　　ふった後　ふった後　ふった後

生け花用スポンジを
2〜3cm角に切る。

容器に切ったスポンジと水を入れ、ふたをしてふる。

50回ふった後、100回ふった後、150回ふった後に1つずつ取り出す。

(1) もとの大きさのスポンジを残しておくのはなぜですか。次のア〜ウから選びましょう。

（　　　）

ア　切る前のスポンジより大きくなったスポンジがあるかどうかを調べるため。

イ　実験のとちゅうでスポンジの量が減ってきたら容器に加えるため。

ウ　スポンジが水のはたらきによって、どのように変化したかを調べるため。

(2) 150回ふった後に取り出したスポンジは、もとのスポンジと比べるとどのように変わりましたか。次のア〜エから選びましょう。

（　　　）

ア　角ばって、小さくなった。

イ　角がとれて、小さくなった。

ウ　角ばって、大きくなった。

エ　角がとれて、大きくなった。

スポンジを石のかわりにして、容器をふることを、川の水が石を運ぶはたらきと同じだと考えるよ。

川の観察に行こう

基本のワーク

勉強した日 ▶ 月 日

学習の目標
流れる水の、しん食・運ぱん・たい積のはたらきを確にんしよう。

図を見て、あとの問いに答えましょう。

❶ 川が曲がって流れているところの川岸のようす

外側は、流れが
①（ 速い ゆるやか ）。

内側は、流れが
②（ 速い ゆるやか ）。

小石やすなが積もって
⑤ [＿＿＿] が
広がっている。

川岸はけずられて
④ [＿＿＿]
になっている。

山の中で見られる石と比べて、平地の
川原で見られる石は③（ 大きく 小さく ）、
丸みをおびている。

(1) ①、②、③の（ ）のうち、正しい方を◯で囲みましょう。

(2) ④、⑤の[＿＿＿]に当てはまる言葉を書きましょう。

❷ 川が曲がって流れているところの深さ

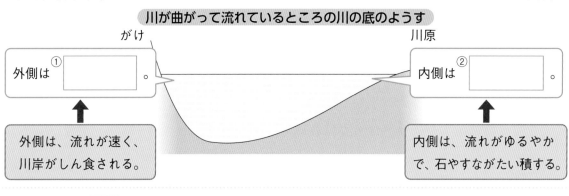

川が曲がって流れているところの川の底のようす

がけ　　　　　　　　　　　　　　　　　　　　　川原

外側は ① [＿＿＿] 。　　　　　　　　　内側は ② [＿＿＿] 。

外側は、流れが速く、
川岸がしん食される。

内側は、流れがゆるやか
で、石やすながたい積する。

● ①、②の[＿＿＿]に、「深い」、「浅い」から選んで書きましょう。

まとめ 〔 内側 外側 〕から選んで（ ）に書きましょう。

● 川が曲がっているところの内側と外側では、流れの速さがちがうため、①（ ＿＿＿ ）はがけ
に、②（ ＿＿＿ ）は川原になっている。

わくわくたんてい団 山の中を流れていた川が急に平地に出ると、流れがゆるやかになるため、土がたい積して
おうぎ形の土地ができます。このような土地をせん状地といいます。

練習のワーク

1 右の図は、川が曲がって流れているようすを表したものです。次の問いに答えましょう。

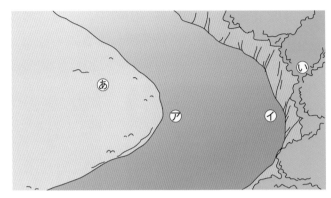

(1) 図の㋐と㋑で川の流れを比べると、どのようになっていますか。次のア〜ウから選びましょう。　（　　　　　）

　ア　㋐よりも㋑の方が、流れが速い。

　イ　㋑よりも㋐の方が、流れが速い。

　ウ　㋐と㋑で、流れは同じ速さである。

(2) ㋐では、しん食とたい積のどちらのはたらきが大きいですか。（　　　　　）

(3) 図の㋐では、川岸がどのようになっていますか。　　　　（　　　　　　　　　　　）

(4) ㋑では、しん食とたい積のどちらのはたらきが大きいですか。　（　　　　　　　　　）

(5) 図の㋑では、川岸がどのようになっていますか。　　　（　　　　　　　　　　　）

(6) ㋐と㋑で、水の深さはどのようになっていますか。次のア〜ウから選びましょう。

（　　　　　）

　ア　㋐では深く、㋑では浅くなっている。

　イ　㋐では浅く、㋑では深くなっている。

　ウ　㋐と㋑で同じ深さである。

(7) ㋐で見られるのは、どのような石ですか。正しいものに〇をつけましょう。

　①（　　　　）山の中よりも、小さくて、角ばった石

　②（　　　　）山の中よりも、小さくて、丸みをおびた石

　③（　　　　）山の中よりも、大きくて、角ばった石

　④（　　　　）山の中よりも、大きくて、丸みをおびた石

2 川が曲がって流れている場所を観察しました。右の図の㋐と㋑は川岸で、その間で川を切ったとしたときの川の底の形を表したものです。次の問いに答えましょう。

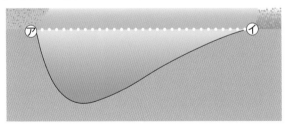

(1) 川の流れが速い方を、㋐、㋑から選びましょう。　（　　　　　）

記述▶ (2) (1)のように考えたのはなぜですか。

　（　　　　　　　　　　　　　　　）

(3) 川岸ががけになっている方を、㋐、㋑から選びましょう。　（　　　　　）

(4) コンクリートのていぼうやブロックなど、川の水のはたらきが大きくなることで起こる災害を防ぐものをつくるときは、どちら側の川岸につくりますか。㋐、㋑から選びましょう。

（　　　　　）

(5) (4)のように考えたのは、水の何というはたらきが(4)では大きくなっているからですか。

（　　　　　）

1 川原の石 次の図は、山の中、平地、海の近くを流れるある川の川原で見られる石のようすです。あとの問いに答えましょう。

1つ8〔24点〕

山の中

平地

海の近く

(1) 山の中で見られる石はどのような大きさや形をしていますか。次のア〜エから選びましょう。　　　　　　　　　　（　　　　）

　　ア　大きくて丸みをおびている。　　イ　小さくて丸みをおびている。

　　ウ　大きくて角ばっている。　　　　エ　小さくて角ばっている。

(2) 平地で見られる石は、山の中で見られる石に比べてどのような形をしていますか。(1)のア〜エから選びましょう。　　　　　　　　　　（　　　　）

(3) 山の中で見られる石に比べて、海の近くで見られる石の大きさが図のようになっているのは、流れる水の3つのはたらきのうち、どれが関係しますか。（　　　　）

2 流れる水のはたらき 次の図のようにして、生け花用スポンジを使い、石のようすの変わり方を調べる実験を行いました。あとの問いに答えましょう。

1つ7〔21点〕

2〜3cm角に切った
生け花用スポンジ
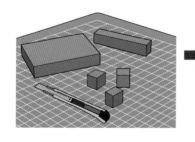

容器に切ったスポンジと水
を入れ、ふたをしてふる。

もとの
大きさ　㋐　㋑　㋒

(1) スポンジと水を入れた容器を50回ふるごとに、1つずつスポンジを取り出し、それを3回続けました。100回ふった後のスポンジを、㋐〜㋒から選びましょう。　（　　　　）

(2) 容器をふる回数が多くなるごとに、スポンジの大きさはどのように変わりましたか。
　　　　　　　　　　　　　　　　　　　　　（　　　　　　　　　　　　　　　）

(3) 容器をふる回数が多くなるごとに、スポンジの形はどのように変わりましたか。
　　　　　　　　　　　　　　　　　　　　　（　　　　　　　　　　　　　　　）

3 ┃ 川が曲がって流れているところのようす ┃ 右の図は、川が曲がって平地を流れているよう
すを表したものです。次の問いに答えましょう。

(1) 川の流れが最も速いところと、最もゆるやか
なところはどこですか。図の⑦～⑦からそれぞ
れ選びましょう。

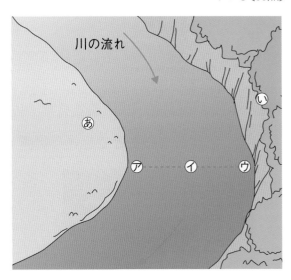

最も速いところ　　　（　　　　）

最もゆるやかなところ（　　　　）

(2) 川岸がけずられている方を、図の⑧、⑩から
選びましょう。　　　　　　　（　　　　）

(3) 流れる水が土をけずるはたらきを何といいま
すか。正しいものに〇をつけましょう。

①（　　　）運ぱん

②（　　　）しん食

③（　　　）たい積

(4) 川岸がけずられてできたものを何といいますか。正しい方に〇をつけましょう。

①（　　　）川原

②（　　　）がけ

(5) 川岸に石やすなが積もっている方を、図の⑧、⑩から選びましょう。　　　（　　　　）

(6) 水が石やすなを積もらせるはたらきを何といいますか。正しいものに〇をつけましょう。

①（　　　）運ぱん

②（　　　）しん食

③（　　　）たい積

川の流れがゆるやかなほど、
石やすなが積もりやすいよ。

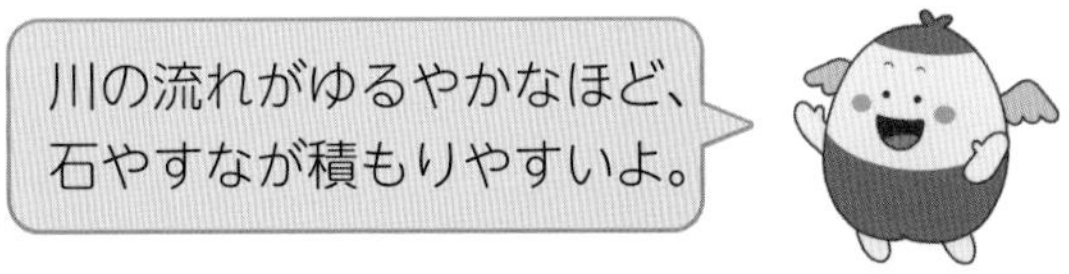

(7) 川岸に石やすなが積もってできたものを何といいますか。正しい方に〇をつけましょう。

①（　　　）川原

②（　　　）がけ

(8) (7)で、石やすなのようすを観察しました。正しいものに〇をつけましょう。

①（　　　）石もすなも丸みをおびたものと角ばっているものが混ざっていた。

②（　　　）ほとんどの石やすなが角ばっていた。

③（　　　）ほとんどの石やすなが丸みをおびていた。

(9) ⑦と⑦の間の川の底は、どのような形になっていると考えられますか。次のア～ウから選
びましょう。　　　　　　　　　　　　　　　　　　　　　　　　　　　（　　　　）

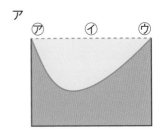

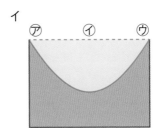

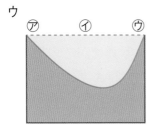

(10) 川岸と同じように、川の底も水のはたらきによってけずられているといえますか、いえま
せんか。

（　　　　　　　　）

川と災害
基本のワーク

学習の目標
水が増えることによって起きる災害とその防ぎ方を理解しよう。

教科書 116〜121ページ　答え 15ページ

図を見て、あとの問いに答えましょう。

1 水が増えることで起きる災害

川の水で ① [　　　] がけずられている。

川の水で ② [　　　] がしん食されている。

春の ③ [　　　] どけによって川の水が増えている。

● ①〜③の [　] に当てはまる言葉を書きましょう。

2 川の水が増えることで起きる災害を防ぐくふう

① [　　　　　]

② [　　　　　]

③ [　　　　　]

● 写真は川での災害を防ぐためのくふうです。それぞれ何というものですか。下の〔 〕から選んで①〜③の [　] に書きましょう。〔 さ防ダム　ブロック　ていぼう 〕

まとめ　〔 災害　大きく 〕から選んで（ ）に書きましょう。

● 川の水が増えると、流れる水のはたらきが①（　　　　　）なり、②（　　　　　）が起きることがある。

わくわくたんてい団　大水の災害から平野を守るため、新潟県では、大雨などで増水した信濃川の水が越後平野に入る前に、一部の水を大河津分水路を使って、日本海に流すようにしています。

練習のワーク

教科書 116～121ページ　答え 15ページ

できた数　／9問中

1 **川の水は、集中ごう雨などの大雨で増えるだけでなく、写真のように春の雪どけ水でも増え、災害が起きることがあります。次の問いに答えましょう。**

(1)　雪どけ水によって、川の水が増えると、水が流れる速さはどうなりますか。正しい方に○をつけましょう。

①(　　)速くなる。

②(　　)ゆるやかになる。

(2)　雪どけ水によって、川の水が増えると、流れる水のはたらきは大きくなりますか、小さくなりますか。

(　　　　)

(3)　川の水が増えることで起きる災害に○をつけましょう。

①(　　)リンゴが木から落ちる。　②(　　)橋が流される。

③(　　)鉄とうがたおれる。

2 **次の写真は、大雨のときに起こる災害を防ぐくふうを表したものです。あとの問いに答えましょう。**

㋐

㋑

㋒

(1)　川岸がしん食されるのを防ぐため、コンクリートで固めて川岸を守るくふうを表しているのは、㋐～㋒のどれですか。(　　)

(2)　(1)のくふうを何といいますか。次のア～ウから選びましょう。(　　)

ア　さ防ダム

イ　ていぼう

ウ　ブロック

(3)　階段のようになっていて、しん食されたすなや石が一度に流されるのを防ぐくふうを表しているのは、㋐～㋒のどれですか。(　　)

(4)　(3)のくふうを何といいますか。(2)のア～ウから選びましょう。(　　)

(5)　コンクリートで形づくったもので、水の力を弱めたり、川岸がしん食されたりするのを防ぐくふうを表しているのは、㋐～㋒のどれですか。(　　)

(6)　(5)のくふうを何といいますか。(2)のア～ウから選びましょう。(　　)

学習の目標

電磁石の作り方や、電磁石の性質を理解しよう。

1　電磁石のはたらき①

基本のワーク

教科書 122〜129ページ　　答え 15ページ

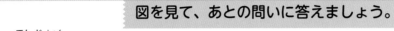

図を見て、あとの問いに答えましょう。

1 電磁石の作り方

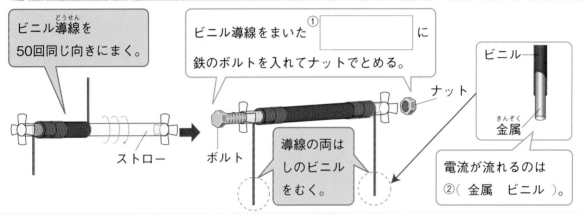

ビニル導線を50回同じ向きにまく。

ビニル導線をまいた①_____ に鉄のボルトを入れてナットでとめる。

ナット

ビニル

金属

導線の両はしのビニルをむく。

電流が流れるのは②（ 金属　ビニル ）。

ストロー　　ボルト

(1)　ビニル導線を何回も同じ向きにまいたものを何といいますか。①の_____に書きましょう。

(2)　②の（　）のうち、正しい方を◯で囲みましょう。

2 電磁石の性質

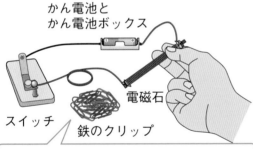

電流を流す

かん電池とかん電池ボックス

電磁石

スイッチ　　鉄のクリップ

鉄のクリップが、
①（ 引きつけられる　引きつけられない ）。

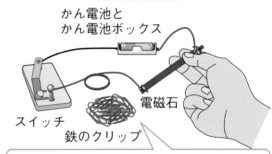

電流を流さない

かん電池とかん電池ボックス

電磁石

スイッチ　　鉄のクリップ

鉄のクリップが、
②（ 引きつけられる　引きつけられない ）。

(1)　スイッチを入れると、鉄のクリップはどうなりますか。①の（　）のうち、正しい方を◯で囲みましょう。

(2)　スイッチを切ると、鉄のクリップはどうなりますか。②の（　）のうち、正しい方を◯で囲みましょう。

まとめ　〔 鉄　コイル 〕から選んで（　）に書きましょう。

●①（　　　　　　　）に鉄のしんを入れて電流を流すと、電磁石ができる。

●電磁石には、②（　　　　　　　）を引きつける性質がある。

コイルだけでも電磁石のはたらきをしますが、鉄のしんを入れると、鉄が磁石になり、磁石のはたらきが強くなります。

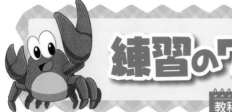

練習のワーク

教科書 122～129ページ　答え 15ページ

できた数　　／8問中

1 次の図のように、ストローにビニル導線をまいたものにボルトを入れて、電磁石を作りました。あとの問いに答えましょう。

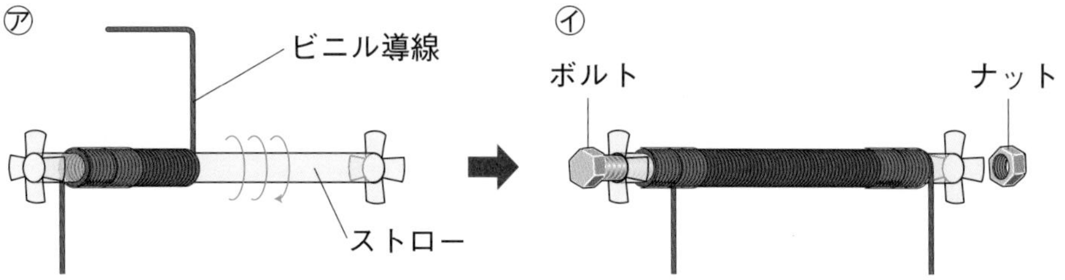
㋐
ビニル導線
ストロー
㋑
ボルト
ナット

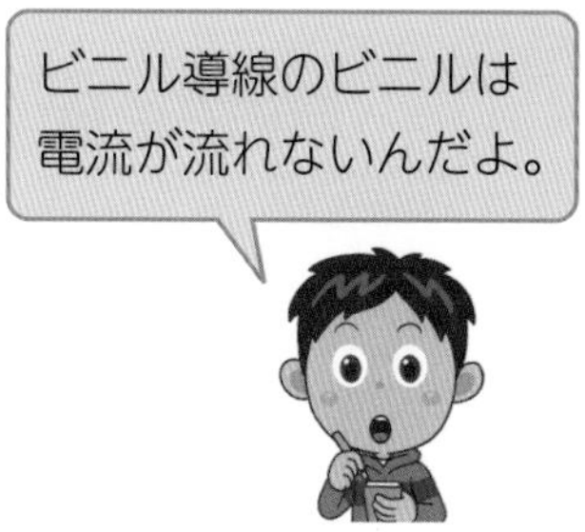
ビニル導線のビニルは
電流が流れないんだよ。

(1) ㋐のようにビニル導線を何回もまいたものを何といいますか。（　　　　）

(2) ビニル導線のかわりにエナメル線を使うとき、エナメル線をどのようにして使いますか。正しいものに○をつけましょう。

①（　　）エナメル線を、そのまま使う。

②（　　）エナメル線の両はしにセロハンテープをまいて使う。

③（　　）エナメル線の両はしのひまくを紙やすりではがして使う。

(3) ㋑のように、ストローにボルトを入れました。電磁石を作るときに使うボルトは、何という金属でできていますか。（　　　　）

2 コイルに鉄のしん（ボルト）を入れて、鉄のしんがクリップを引きつけるかどうかを調べる実験をしました。次の問いに答えましょう。

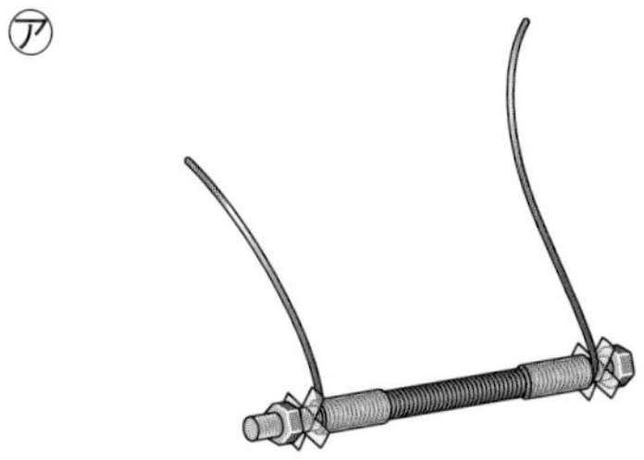
㋐

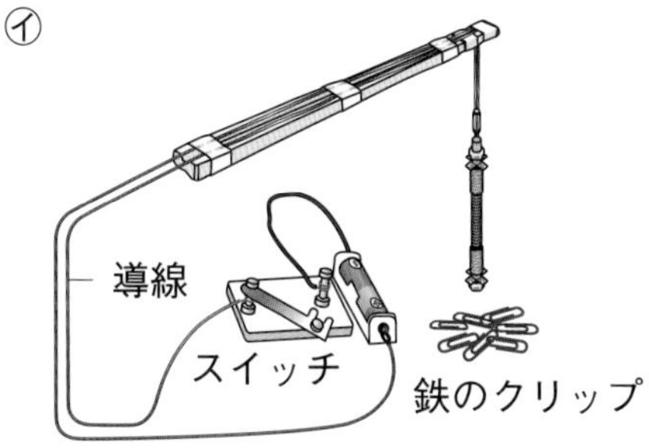
㋑
導線
スイッチ
鉄のクリップ

(1) コイルに鉄のしんを入れた図の㋐のようなものを何といいますか。（　　　　）

(2) 図の㋑で、スイッチを入れていないとき、鉄のクリップはどのようになりますか。次のア、イから選びましょう。（　　）

ア 引きつけられる。

イ 引きつけられない。

(3) 図の㋑で、スイッチを入れたとき、鉄のクリップは引きつけられますか、引きつけられませんか。

（　　　　）

(4) (3)の下線部の後、スイッチを切りました。鉄のクリップは引きつけられますか、引きつけられませんか。

（　　　　）

記述 (5) (2)～(4)から、図の㋐は、どのようなときに鉄を引きつけると考えられますか。

（　　　　）

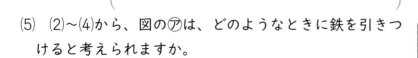

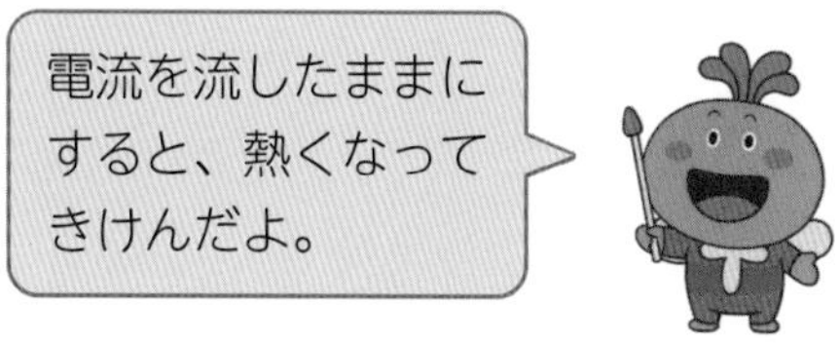
電流を流したままにすると、熱くなってきけんだよ。

1 電磁石のはたらき②

基本のワーク

学習の目標・
電流の向きが変わると、電磁石の極が変わることを理解しよう。

教科書 122〜129ページ　答え 16ページ

図を見て、あとの問いに答えましょう。

1 電磁石の極

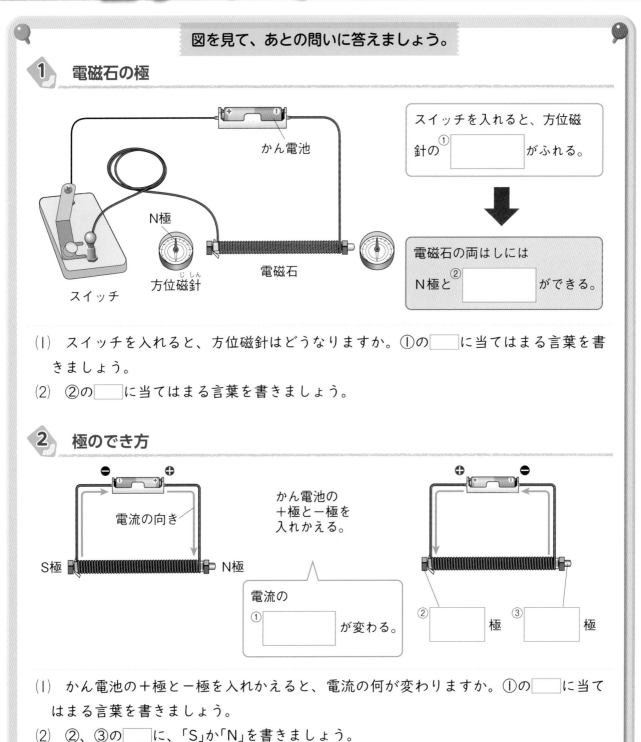

スイッチを入れると、方位磁針の① [　　　] がふれる。

⬇

電磁石の両はしには N極と② [　　　] ができる。

かん電池

N極

方位磁針

電磁石

スイッチ

(1) スイッチを入れると、方位磁針はどうなりますか。①の[　]に当てはまる言葉を書きましょう。

(2) ②の[　]に当てはまる言葉を書きましょう。

2 極のでき方

電流の向き

S極　　　N極

かん電池の
＋極と一極を
入れかえる。

電流の
① [　　　] が変わる。

② [　　　]極　　③ [　　　]極

(1) かん電池の＋極と一極を入れかえると、電流の何が変わりますか。①の[　]に当てはまる言葉を書きましょう。

(2) ②、③の[　]に、「S」か「N」を書きましょう。

まとめ　〔 極　電流　N 〕から選んで（　）に書きましょう。

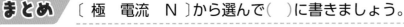

●電磁石には①（　　　　　）極とS極があり、電磁石に流れる②（　　　　　）の向きが変わる
　と、電磁石の③（　　　　　）も変わる。

はってん ＜導線とコイルと電磁石＞方位磁針の上に置いた導線に電流を流すと、はりがふれます。
これは導線のまわりに磁力（磁石と同じような力）が生じるためです。

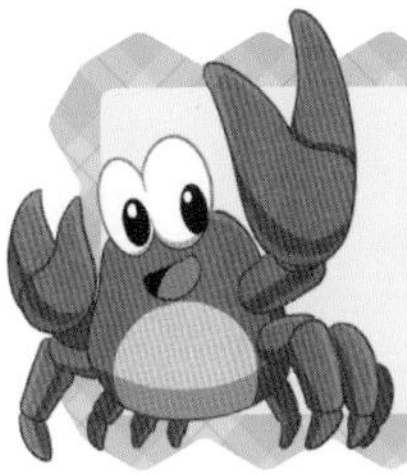

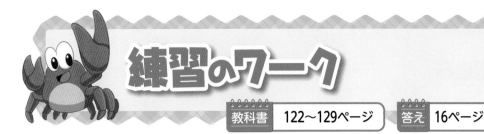

練習のワーク

教科書 122～129ページ　答え 16ページ

できた数
／9問中

1 次の図のように、電流の向きと電磁石のN極とS極のでき方について調べました。あとの問いに答えましょう。

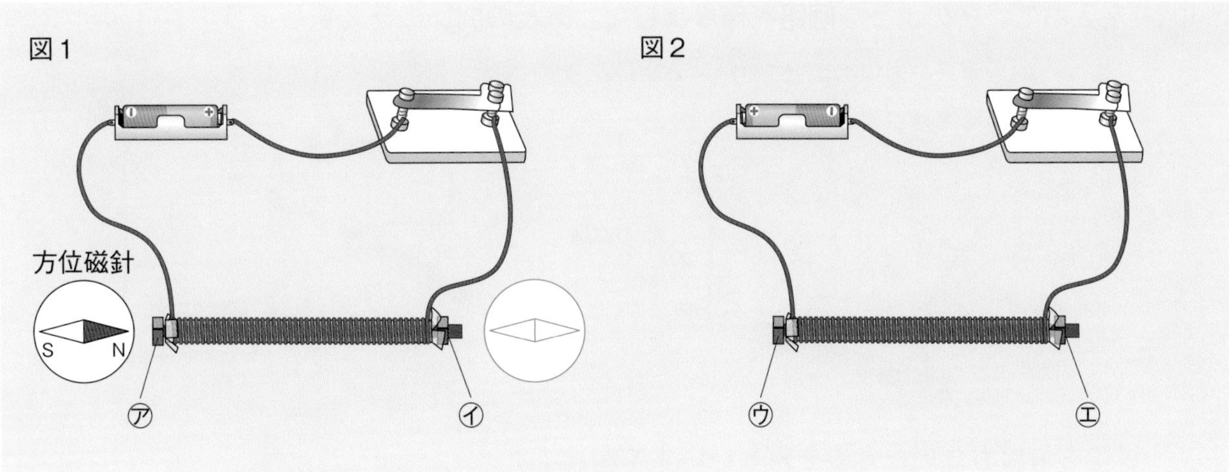
図1
図2
方位磁針
S
N
㋐
㋑
㋒
㋓

(1) 図1のとき、電磁石の㋐に方位磁針のN極が引きつけられて止まりました。このとき、電磁石にはN極とS極がありますか、ありませんか。（　　　　　）

(2) 図1のとき、㋐、㋑はそれぞれN極とS極のどちらになっていますか。

㋐（　　　　　）

㋑（　　　　　）

[作図] (3) 図1のとき、電磁石の㋑の右側に方位磁針を置きました。この方位磁針のはりはどのようになりますか。N極をぬりましょう。

(4) かん電池の向きを、図1から図2のように変えると、電磁石の性質がどのように変化するのかを調べました。次の①～④のうち、図1と図2でそろえる条件をすべて選び、○をつけましょう。（完答）

①（　　）かん電池の向き

②（　　）コイルに流れる電流の向き

③（　　）コイルに流れる電流の大きさ

④（　　）コイルのまき方

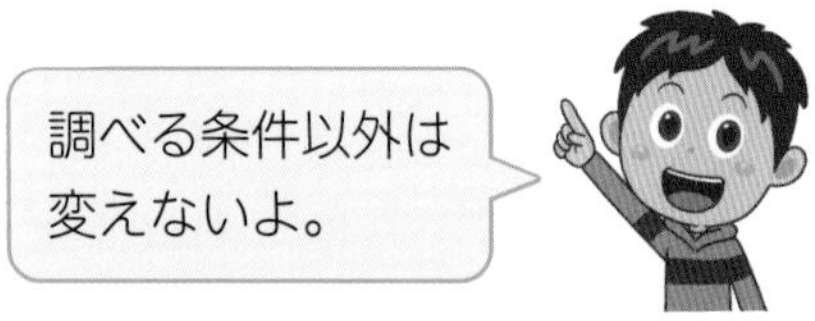
調べる条件以外は
変えないよ。

(5) かん電池の向きを、図1から図2のように変えると、流れる電流の向きはどのようになりますか。次のア、イから選びましょう。（　　　）

ア　図1のときと同じ向きになる。

イ　図1のときとは変わる。

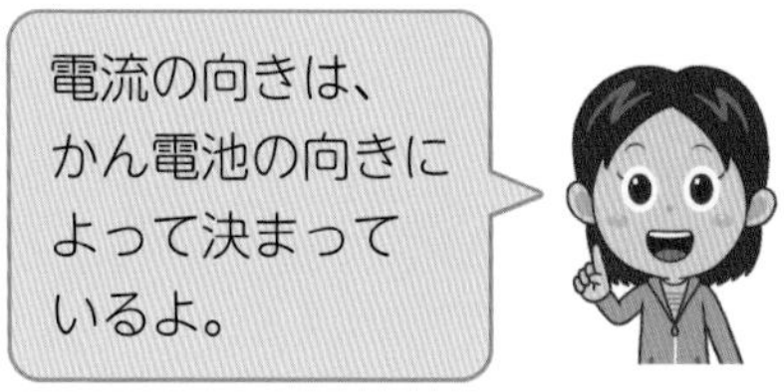
電流の向きは、
かん電池の向きに
よって決まって
いるよ。

(6) 図2のとき、電磁石の㋒、㋓はそれぞれN極とS極のどちらになっていますか。

㋒（　　　　　）

㋓（　　　　　）

[記述] (7) この実験から、電流の向きを変えると電磁石のN極とS極がどのようになることがわかりますか。（　　　　　　　　　　　　　）

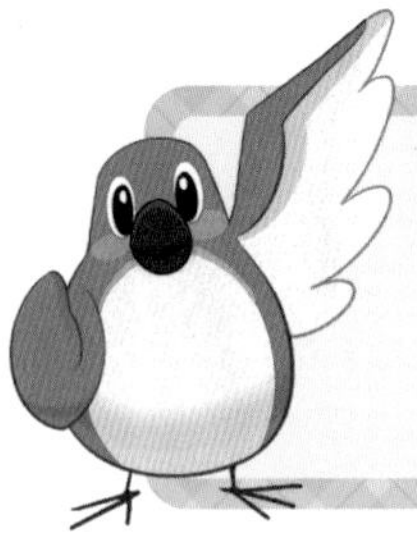

まとめのテスト①

7　電流と電磁石

勉強した日　　月　　日

時間 20分

得点　　/100点

教科書　122~129ページ　答え　16ページ

1　[電磁石の作り方]　**㋐のように、ストローにひまくのある導線をまいたものに鉄のしん(ボルト)を入れて、㋑のような回路を作りました。あとの問いに答えましょう。**　1つ5〔20点〕

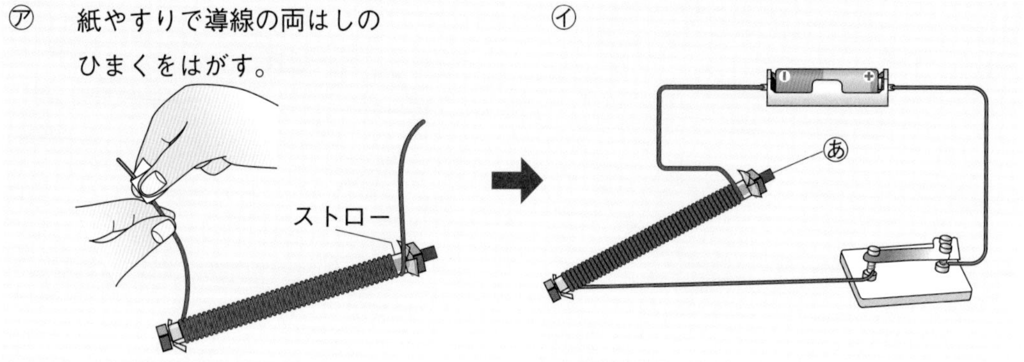

(1)　導線を何回もまいたものを何といいますか。　(　　　　　)

(2)　実験で使った、ひまくのある導線を何といいますか。　(　　　　　)

(3)　回路を作るとき、導線の両はしのひまくを紙やすりではがしておきました。これは、何を流すようにするためですか。　(　　　　　)

(4)　あのように、(1)に鉄のしんを入れたものを何といいますか。　(　　　　　)

[よく出る]　**2**　[電磁石]　**右の図のように、かん電池、スイッチ、電磁石をつなぎ、電磁石の性質を調べました。次の問いに答えましょう。**　1つ6〔30点〕

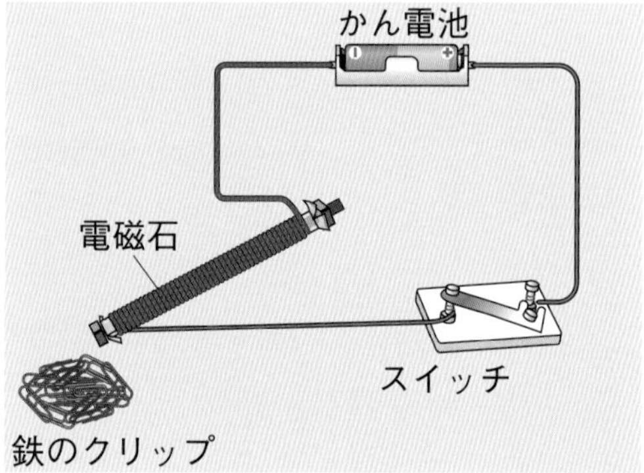

(1)　スイッチを入れて、電磁石を上から鉄のクリップに近づけると、クリップはどのようになりますか。次のア～ウから選びましょう。　(　　　)

ア　電磁石に引きつけられる。

イ　電磁石からはなれていく。

ウ　電磁石に引きつけられたり、はなれたりする。

(2)　(1)のとき、電磁石は磁石になっていますか。　(　　　　　)

(3)　(1)の後、スイッチを切りました。クリップはどのようになりますか。次のア～ウから選びましょう。　(　　　)

ア　電磁石に引きつけられるようになる。

イ　電磁石についていたクリップの全部が落ちる。

ウ　電磁石についていたクリップの一部が落ちる。

[記述]　(4)　かん電池の＋極と－極を入れかえて電流を流し、電磁石をクリップに近づけました。クリップはどのようになりますか。　(　　　　　)

[記述]　(5)　この実験から、電磁石にはどのような性質があることがわかりますか。

(　　　　　　　　　　)

[よく出る] **3** [電磁石の極] **電磁石に電流を流し、方位磁針のはりがどのようになるのかを調べる実験をしました。あとの問いに答えましょう。** 1つ4〔8点〕

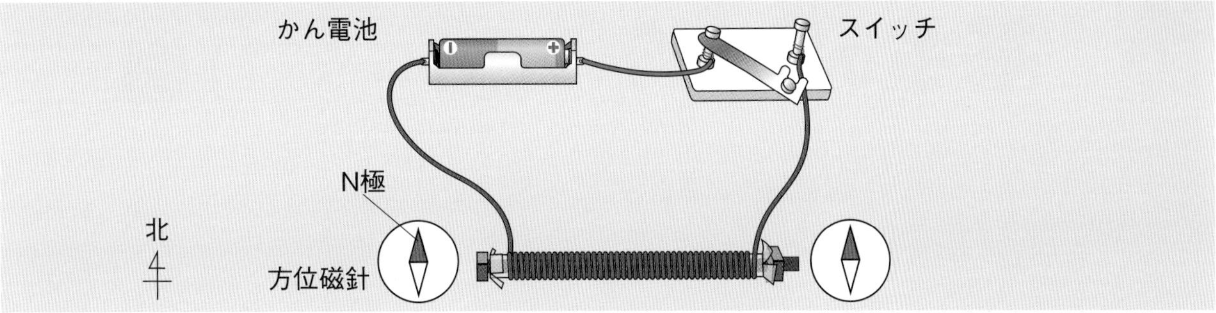

(1) スイッチを入れると、電磁石の両はしに置いた方位磁針のはりはどのようになりますか。次のア～ウから選びましょう。 (　　　)

ア　はりの一方の先が電磁石に引きつけられる。

イ　N極が北を指したまま動かない。

ウ　回転し続ける。

(2) (1)のとき、電磁石にN極とS極がありますか、ありませんか。 (　　　　)

4 [電磁石の極] **電磁石を使って回路を作り、㋐のように電流を流すと、方位磁針のN極が図のように引きつけられました。あとの問いに答えましょう。** 1つ6〔42点〕

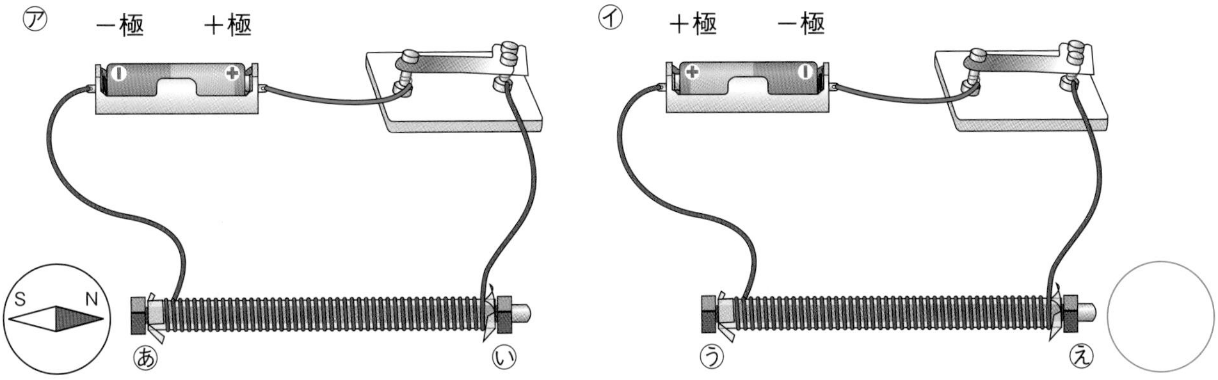

(1) ㋐の電磁石で、[あ]、[い]はそれぞれN極とS極のどちらになりますか。

[あ](　　　　) [い](　　　　)

(2) かん電池の向きを㋑の向きに変えました。このとき、コイルに流れる電流の向きはどのようになりますか。次のア、イから選びましょう。 (　　　)

ア　㋐と同じ向き　　イ　㋐と逆の向き

(3) ㋑の電磁石で、[う]、[え]はそれぞれN極とS極のどちらになりますか。

[う](　　　　) [え](　　　　)

[作図] (4) ㋑のとき、電磁石の[え]の右に置いた方位磁針のはりはどのようになりますか。㋐の方位磁針のはりを参考にして、㋑の図の○の中にかきましょう。ただし、N極の側をぬりつぶすものとします。

[記述] (5) この実験から、電磁石のN極とS極を変えたいときはどのようにすればよいことがわかりますか。

(　　　　　　　　　　　　　　　　　　)

2　電磁石の強さ①

基本のワーク

教科書 130〜135ページ　答え 18ページ

学習の目標
電流の大きさと電磁石の強さが関係していることを理解しよう。

図を見て、あとの問いに答えましょう。

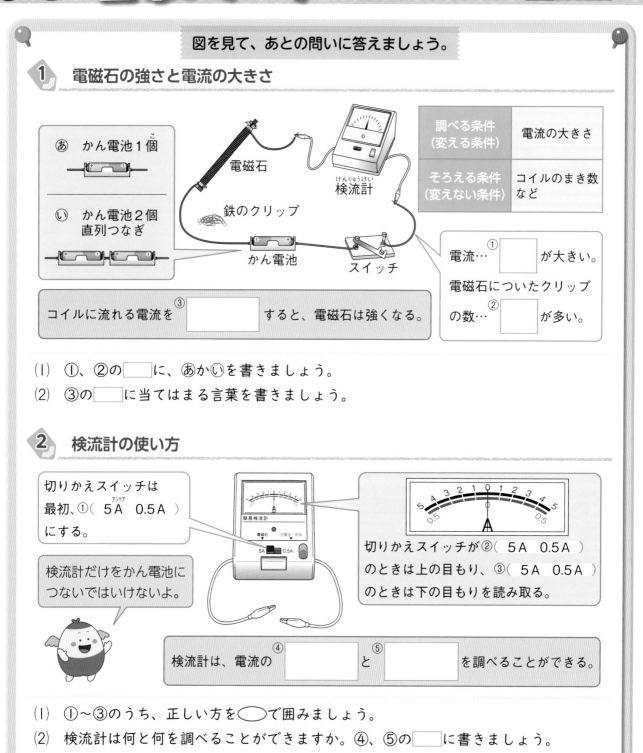

1　電磁石の強さと電流の大きさ

調べる条件（変える条件）	電流の大きさ
そろえる条件（変えない条件）	コイルのまき数など

あ　かん電池1個

い　かん電池2個 直列つなぎ

電磁石

検流計（けんりゅうけい）

鉄のクリップ

かん電池

スイッチ

電流… ① □ が大きい。

電磁石についたクリップの数… ② □ が多い。

コイルに流れる電流を ③ □ すると、電磁石は強くなる。

(1)　①、②の□に、あかいを書きましょう。

(2)　③の□に当てはまる言葉を書きましょう。

2　検流計の使い方

切りかえスイッチは最初、①（ 5A　0.5A ）にする。

簡易検流計

電磁石　光電池・豆球

5A 0.5A

検流計だけをかん電池につないではいけないよ。

切りかえスイッチが②（ 5A　0.5A ）のときは上の目もり、③（ 5A　0.5A ）のときは下の目もりを読み取る。

検流計は、電流の ④ □ と ⑤ □ を調べることができる。

(1)　①〜③のうち、正しい方を◯で囲みましょう。

(2)　検流計は何と何を調べることができますか。④、⑤の□に書きましょう。

まとめ　〔 大きさ　強く 〕から選んで（　）に書きましょう。

● コイルに流れる電流を大きくすると、電磁石は①（　　　　　）なる。

● 電流の②（　　　　　）は、検流計や電流計で調べる。

電流の大きさは、Aという単位で表されます。これはフランスのアンペールという科学者の名前からつけられました。mA（ミリアンペア）という単位もあり、1A＝1000mAとなります。

練習のワーク

教科書 130〜135ページ　答え 18ページ

1 右の図のように、電磁石をつないだ回路にかん電池1個、かん電池2個をそれぞれつなぎ、電磁石の強さを比べました。次の問いに答えましょう。

(1) 次の①〜④のうち、図の㋐と㋑でそろえる条件（変えない条件）3つに〇をつけましょう。

①（　　　）導線の太さと全体の長さ

②（　　　）クリップの数

③（　　　）電流の大きさ

④（　　　）コイルのまき数

(2) ㋑のようなかん電池のつなぎ方を何といいますか。次のア、イから選びましょう。　（　　　）

ア　直列つなぎ

イ　へい列つなぎ

(3) コイルに流れる電流が大きいのは、㋐、㋑のどちらですか。　（　　　）

(4) 電磁石についたクリップの数が多いのは、㋐、㋑のどちらですか。　（　　　）

(5) 電磁石の強さを強くするためには、電流の大きさをどのようにすればよいですか。

（　　　　　　　　　）

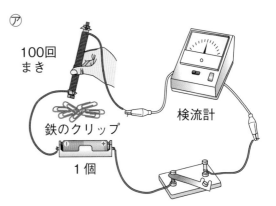

㋐

100回まき

鉄のクリップ

検流計

1個

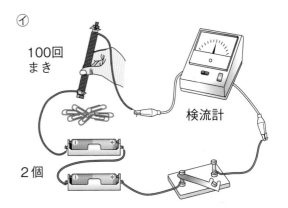

㋑

100回まき

検流計

2個

2 検流計を使って、電磁石に流れる電流について調べました。次の問いに答えましょう。

記述 (1) 検流計がこわれるので、絶対にしてはいけないのは、どのようにつなぐことですか。「検流計」「かん電池」という言葉を使って書きましょう。

（　　　　　　　　　　　　　　　　　　　）

(2) 図1のような検流計を最初に使うとき、切りかえスイッチは㋐、㋑のどちらの方にしますか。　（　　　）

(3) 切りかえスイッチを㋐の方にして電流を流したところ、はりは図2のようにふれました。このとき、電流の大きさは何Aですか。　（　　　）

(4) 電池をつなぐ向きを変えると、はりのふれはどうなりますか。次のア〜エから選びましょう。　（　　　）

ア　ふれる向きは変わらない。示す目もりの数字は小さくなる。

イ　ふれる向きは反対になる。示す目もりの数字は小さくなる。

ウ　ふれる向きは反対になる。示す目もりの数字は変わらない。

エ　ふれる向きも、示す目もりの数字も変わらない。

図1

簡易検流計

電磁石　光電池・豆球

㋐ 5A　0.5A ㋑

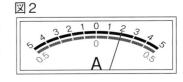

図2

A

73

2　電磁石の強さ②

基本のワーク

| 教科書 | 130〜139ページ | 答え | 18ページ |

図を見て、あとの問いに答えましょう。

1 電磁石の強さとコイルのまき数

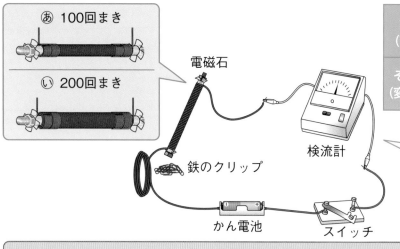

あ　100回まき
い　200回まき

電磁石
鉄のクリップ
検流計
かん電池
スイッチ

| 調べる条件
（変える条件） | コイルのまき数 |
| そろえる条件
（変えない条件） | 電流の大きさ
など |

・コイルのまき数
…① [　　　] が多い。

・電磁石についた
クリップの数
…② [　　　] が多い。

コイルのまき数を③（ 多く　少なく ）すると、電磁石の強さは強くなる。

(1) ①、②の[　]に、あかいを書きましょう。

(2) ③の（　）のうち、正しい方を◯で囲みましょう。

2 モーターのしくみ

分解したモーター

① [　　　　]
（コイルと鉄しん）
回転じく
② [　　　　]

モーターは、磁石と電磁石を組み合わせた装置で、電流を流すと回転する。

● ①、②の[　]に、「磁石」か「電磁石」から選んで書きましょう。

まとめ　〔 モーター　強く　多く 〕から選んで（　）に書きましょう。

● コイルのまき数を①（　　　　）すると、電磁石の強さは②（　　　　）なる。

● ③（　　　　）は、電磁石と磁石を組み合わせた装置である。

わくわくたんてい団　電磁石の導線を太いものにかえると、細い導線より回路に流れる電流が大きくなり、電磁石の強さも強くなります。

練習のワーク

できた数 ／9問中

教科書 130〜139ページ　答え 18ページ

1 右の図のように、100回まきのコイルと200回まきのコイルで作った電磁石を使って、電磁石の強さを比べました。次の問いに答えましょう。

⑴ 次の①〜④のうち、㋐と㋑で変える条件に○をつけましょう。

①（　　　）導線の全体の長さ
②（　　　）導線の太さ
③（　　　）電流の大きさ
④（　　　）コイルのまき数

⑵ ㋐と㋑で、コイルに流れる電流の大きさはどのようになりますか。次のア〜ウから選びましょう。（　　　）

ア　㋐より㋑の方が大きい電流が流れる。
イ　㋑より㋐の方が大きい電流が流れる。
ウ　㋐と㋑で同じ大きさの電流が流れる。

⑶ 電磁石についたクリップの数が多いのは、㋐、㋑のどちらですか。（　　　）

⑷ 電磁石の強さを強くするためには、コイルのまき数をどのようにすればよいですか。
（　　　　　　　　）

㋐
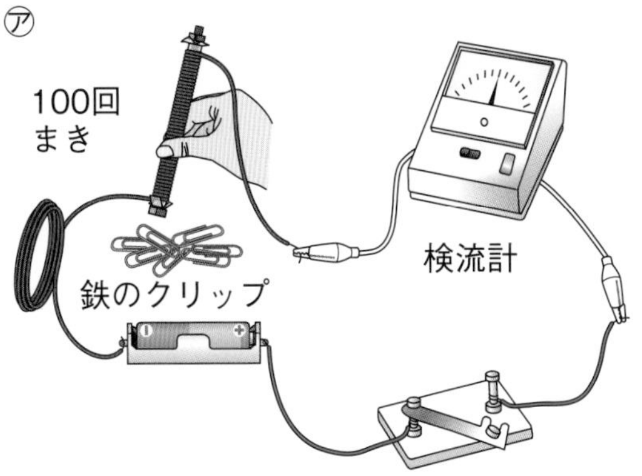

㋑
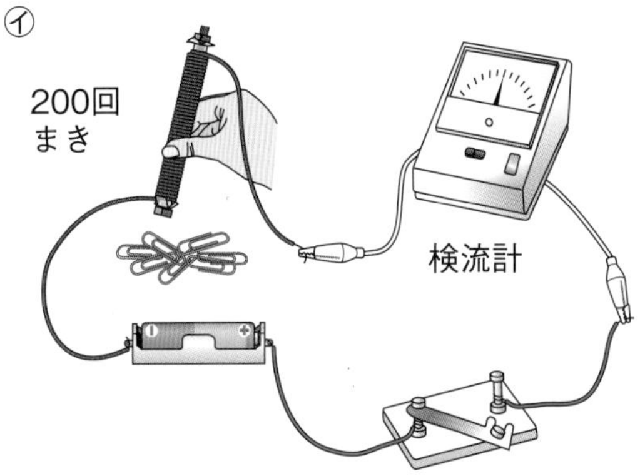

2 モーターについて調べました。あとの問いに答えましょう。

図1
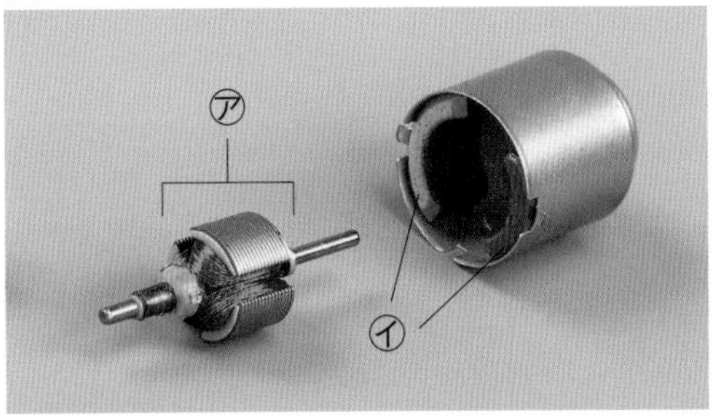

図2
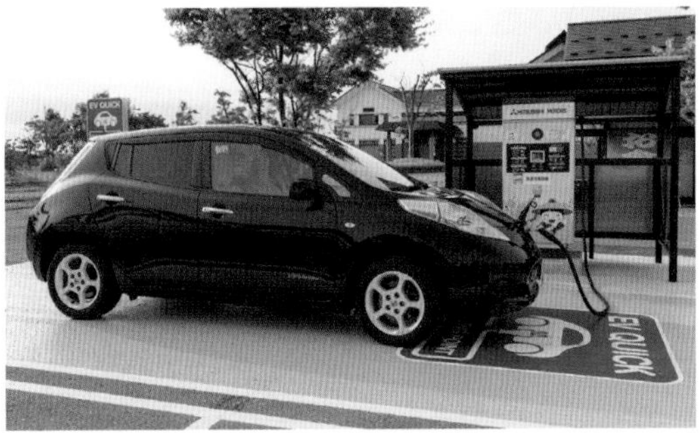

⑴ 図1は、モーターを分解したものです。㋐、㋑はそれぞれ磁石と電磁石のどちらですか。
㋐（　　　　）
㋑（　　　　）

⑵ 図2は電池から流れる電流を使ってモーターを回転させて動く自動車です。このような自動車を何といいますか。（　　　　　）

⑶ モーターを利用しているものを、次のア〜エから2つ選びましょう。（　　　）（　　　）

ア　せん風機　　イ　豆電球　　ウ　せんたく機　　エ　方位磁針

まとめのテスト②

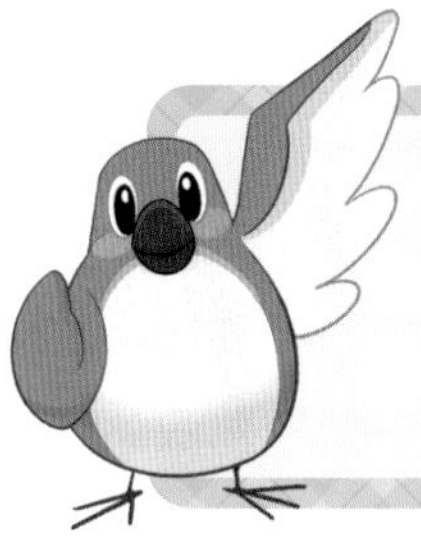

勉強した日　　月　　日

7　電流と電磁石

時間 20分

得点　　/100点

教科書 130〜139ページ　答え 19ページ

1 [検流計] **検流計の使い方について、次の問いに答えましょう。** 1つ6〔36点〕

(1) 検流計を使うと、何を調べることができますか。2つ書きましょう。

電流の(　　　　　　)

電流の(　　　　　　)

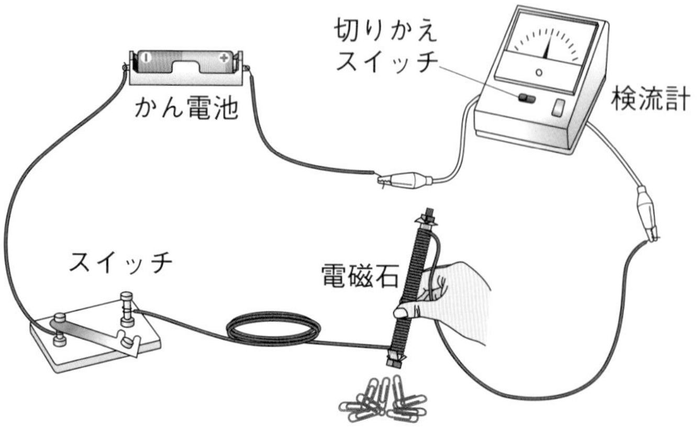

(2) かん電池、電磁石、検流計、スイッチはどのようにつなぎますか。(　)に当てはまる言葉を書きましょう。

かん電池、電磁石、検流計、スイッチが1つの(　　　　　　)になるようにつなぐ。

(3) はりのふれが小さいとき、切りかえスイッチを、5A、0.5Aのどちらに切りかえますか。

(　　　　　　)

(4) 5Aや0.5Aの「A」は何と読みますか。カタカナで書きましょう。(　　　　　　)

[記述] (5) 検流計がこわれるので、絶対にしてはいけないのは、どのようにつなぐことですか。「かん電池」という言葉を使って書きましょう。

(　　　　　　　　　　　　　　　　　　　　　　　　)

[よく出る] **2** [電流の大きさと電磁石の強さ] **コイルのまき数が50回の電磁石に、次の図のようにかん電池をつなぎ、電磁石の強さを調べました。あとの問いに答えましょう。** 1つ6〔18点〕

㋐　㋑　㋒

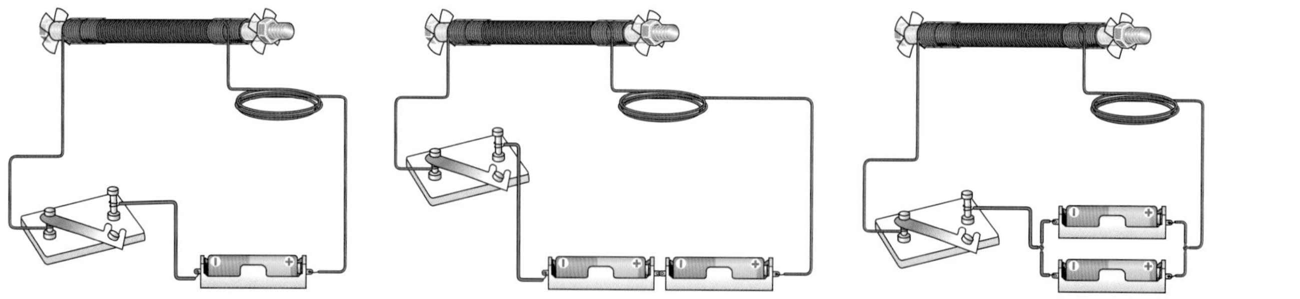

(1) 電磁石に流れる電流が最も大きいものを、㋐〜㋒から選びましょう。(　　　)

(2) それぞれの電磁石を鉄のクリップに近づけました。電磁石につくクリップの数が最も多いものを、㋐〜㋒から選びましょう。(　　　)

[記述] (3) この実験から、コイルのまき数が同じであるとき、電流の大きさと電磁石の強さにはどのような関係があることがわかりますか。

(　　　　　　　　　　　　　　　　　　　　　　　　)

3 **[電磁石の強さ]** **次の図のように、同じ長さのエナメル線を使って電磁石を作りました。あとの問いに答えましょう。** 1つ5〔10点〕

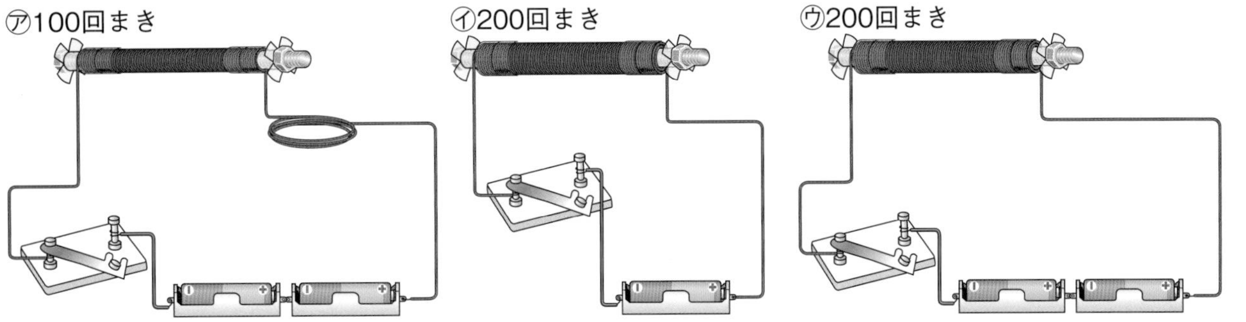

㋐100回まき
㋑200回まき
㋒200回まき

(1) 電流の大きさと電磁石の強さの関係を調べたいとき、㋐～㋒のどれとどれを比べますか。
（　　　と　　　）

(2) コイルのまき数と電磁石の強さの関係を調べたいとき、㋐～㋒のどれとどれを比べますか。
（　　　と　　　）

[よく出る] **4** **[電磁石の強さ]** **次の図のように、同じ長さのエナメル線を使って電磁石を作り、電磁石を強くする方法を調べました。あとの問いに答えましょう。** 1つ6〔36点〕

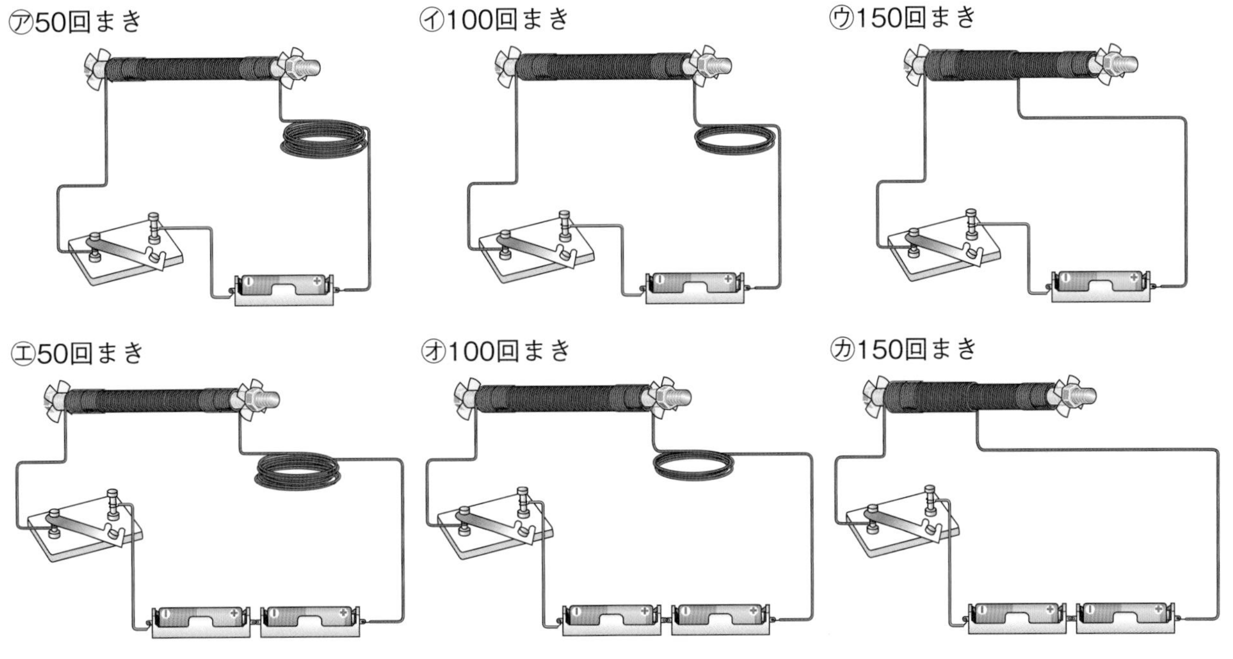

㋐50回まき
㋑100回まき
㋒150回まき
㋓50回まき
㋔100回まき
㋕150回まき

(1) ㋐と㋒を比べたとき、電磁石の強さが強いのはどちらですか。（　　　）

(2) ㋐と㋓を比べたとき、電磁石の強さが強いのはどちらですか。（　　　）

(3) ㋐～㋕の電磁石を鉄のクリップに近づけました。次の①、②に当てはまるものを㋐～㋕から選びましょう。

① 電磁石につくクリップの数が最も多いもの（　　　）

② 電磁石につくクリップの数が最も少ないもの（　　　）

[記述] (4) この実験から、電磁石の強さを強くするにはどのようにすればよいことがわかりますか。方法を2つ書きましょう。
（　　　　　　　　　　　　　　　　）
（　　　　　　　　　　　　　　　　）

学習の目標
水溶液の重さは水ととけたものの重さの和であることを知ろう。

1 とけたもののゆくえ

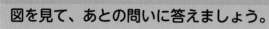
基本のワーク

教科書 144〜148、184〜185ページ　　答え 20ページ

図を見て、あとの問いに答えましょう。

1 水溶液の性質と水溶液の重さ

水溶液は①（　にごっていて　とう明で　）、とけたものは液全体に広がっている。

ふたつきの容器
水（20mLくらい）
食塩（2g）
薬包紙
50.0g

食塩を容器の水に入れて、ふる。

50.0g

水溶液の重さ＝②[　　　　]の重さ＋とかしたものの重さ

(1) ①の（　）のうち、正しい方を◯で囲みましょう。

(2) 水溶液の重さとは、どのような重さですか。②の[　]に当てはまる言葉を書きましょう。

2 電子てんびんの使い方

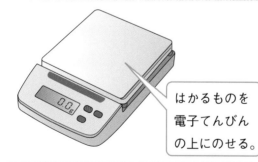

はかるものを電子てんびんの上にのせる。

しん動のない①[　　　　]なところに置く。

スイッチを入れ、「0」になっていることを確かめる。「0」でないときは、「0キー」をおす。

● ①の[　]に当てはまる言葉を書きましょう。

まとめ　〔　和　水溶液　〕から選んで（　）に書きましょう。

● 水にものがとけている液体を①（　　　　　）といい、その液体はとう明である。

● 水溶液の重さは、水の重さととかしたものの重さの②（　　　　　）になる。

わくわくたんてい団

コーヒーシュガーが水にとけると、コーヒーシュガーの小さなつぶは水の中全体に広がり、茶色のとう明な液になって、どこでも同じこさになります。

練習のワーク

 教科書 144～148、184～185ページ 答え 20ページ

1 水にものがとけた液体について、次の問いに答えましょう。

(1) 水にものがとけた液体のことを何といいますか。 （　　　　　　　）

(2) (1)で答えた液体について、正しいもの2つに○をつけましょう。

①（　　）液体にはどれも色がついていない。

②（　　）液体には色がついているものもある。

③（　　）液体はとう明である。

④（　　）液体にはとう明でないものもある。

2 図1のように、とかす前の食塩と水の重さをはかりました。次に、食塩を全部水にとかして、全体の重さをはかり、とかす前と比べました。あとの問いに答えましょう。

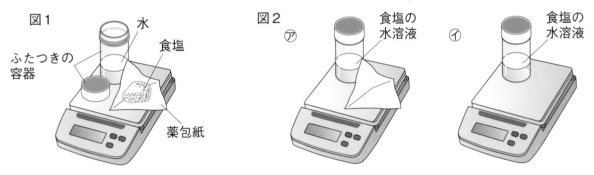

図1　水　食塩　ふたつきの容器　薬包紙

図2　ア　食塩の水溶液　　イ　食塩の水溶液

(1) 電子てんびんは、どのようなところで使いますか。次のア、イから選びましょう。

（　　　　　　　）

ア　しん動のない水平なところ

イ　しん動のある少しかたむいた台の上

(2) 食塩をとかした後の全体の重さのはかり方として正しいのは、図2のⓐ、ⓑのどちらですか。 （　　　　　　　）

(3) 図1で、とかす前の全体の重さは50gでした。食塩を水にとかした後の全体の重さはどのようになっていると考えられますか。次のア～ウから選びましょう。 （　　　　　　　）

ア　50gより軽い。

イ　50gである。

ウ　50gより重い。

(4) 50gの水に4gの食塩を入れてよくかき混ぜたところ、食塩はすべてとけました。できた水溶液の重さは何gですか。 （　　　　　　　）

(5) 60gの水に食塩を入れてよくかき混ぜたところ、できた水溶液の重さは65gでした。とかした食塩は何gですか。 （　　　　　　　）

(6) ものは、水にとけるとどのようになりますか。次のア～ウから選びましょう。（　　　　　　　）

ア　なくなる。

イ　少しだけなくなる。

ウ　水溶液全体に同じように(均一に)広がる。

8 もののとけ方

8 もののとけ方

学習の目標・
水にとけるものの量には限りがあることを理解しよう。

2　水にとけるものの量①

基本のワーク

教科書 149〜151ページ　　答え 21ページ

図を見て、あとの問いに答えましょう。

1 メスシリンダーの使い方

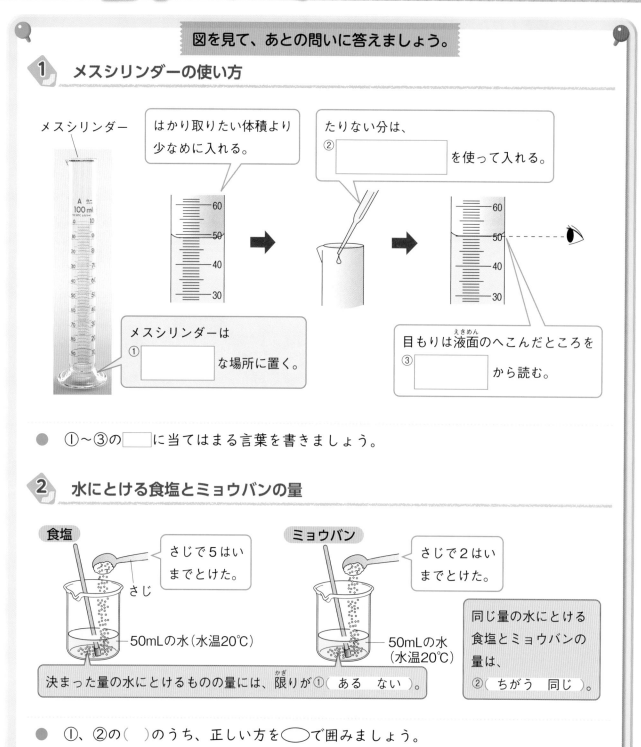

メスシリンダー

はかり取りたい体積より少なめに入れる。

たりない分は、② [　　　　　] を使って入れる。

メスシリンダーは① [　　　　　] な場所に置く。

目もりは液面のへこんだところを③ [　　　　　] から読む。

● ①〜③の　　に当てはまる言葉を書きましょう。

2 水にとける食塩とミョウバンの量

食塩
さじで5はいまでとけた。
さじ
50mLの水（水温20℃）

ミョウバン
さじで2はいまでとけた。
50mLの水（水温20℃）

決まった量の水にとけるものの量には、限りが①（ ある　ない ）。

同じ量の水にとける食塩とミョウバンの量は、②（ ちがう　同じ ）。

● ①、②の（ ）のうち、正しい方を◯で囲みましょう。

まとめ　〔 ちがい　決まった 〕から選んで（ ）に書きましょう。

● ①（　　　　　）量の水にとける食塩やミョウバンの量には限りがある。

● 食塩やミョウバンの水にとける量には、②（　　　　　）がある。

 　塩は、海水の中や岩塩としてそんざいしています。日本は海に囲まれているので、昔から、海水から水をじょう発させて塩をつくっていました。

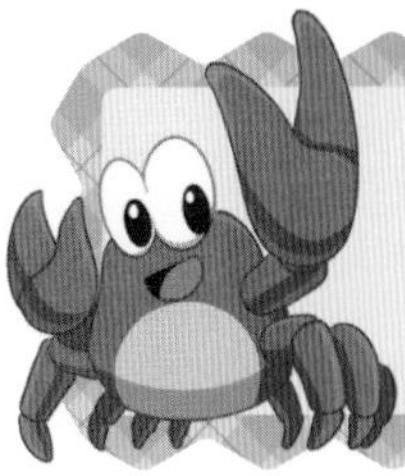

練習のワーク

教科書 149〜151ページ　答え 21ページ

できた数　/10問中

1 **右の図の器具の使い方について、次の問いに答えましょう。**

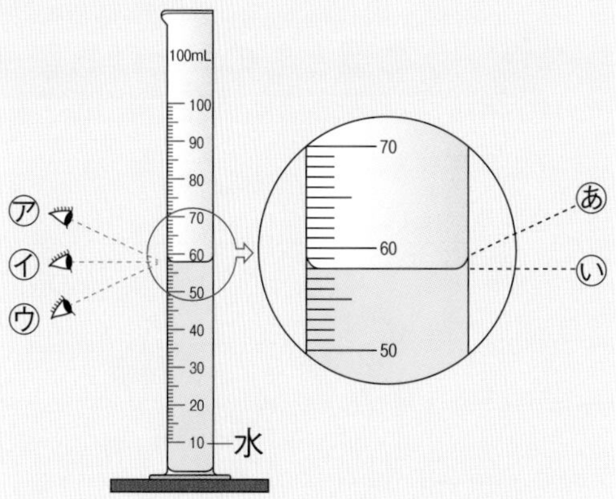

㋐
㋑
㋒
100mL
100
90
80
70
60
50
40
30
20
10
水
70
60
50
[あ]
[い]

(1)　この器具を何といいますか。
(　　　　　　　　　　)

(2)　(1)は、どのようなところに置いて使いますか。
(　　　　　　　　　　)

(3)　目もりを読むとき、目の位置はどこにしますか。㋐〜㋒から選びましょう。(　　　)

(4)　60mLの水をはかり取るとき、はじめに(1)にはどのくらいまで水を入れますか。次のア、イから選びましょう。(　　　)

ア　60の目もりよりも少し上まで入れる。
イ　60の目もりよりも少し下まで入れる。

(5)　水の体積をはかるとき、液面のどの部分の目もりを読みますか。図の[あ]、[い]から選びましょう。(　　　)

(6)　図のときの水の体積は何mLですか。(　　　　　)

2 **次の図のように、50mL(水温20℃)の水に、食塩をさじですりきり1ぱいずつ入れてとかし、何ばいまでとけるかを調べました。ミョウバンも同じようにしてとかしました。あとの問いに答えましょう。**

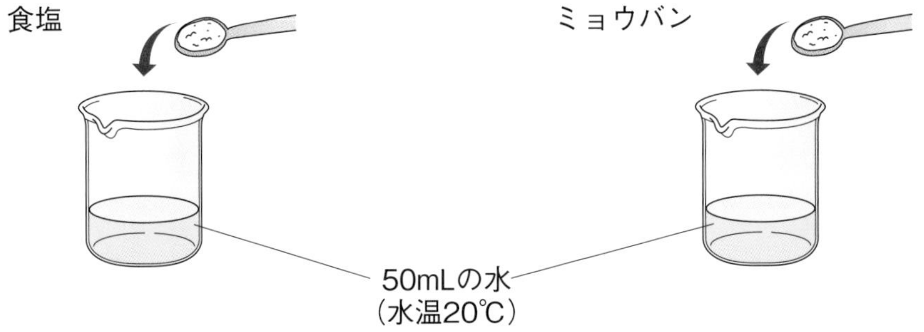

食塩
ミョウバン
50mLの水
(水温20℃)

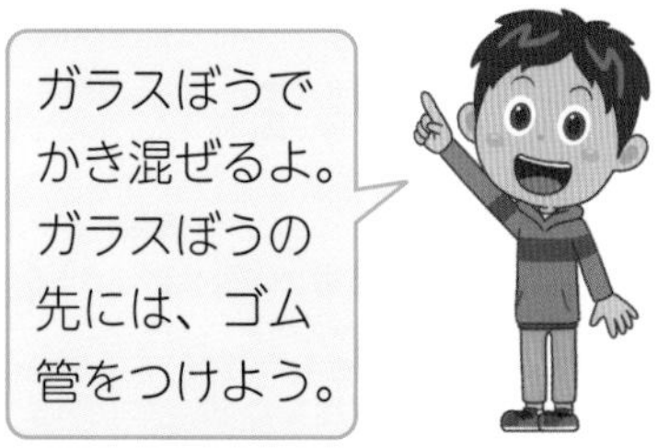

ガラスぼうで
かき混ぜるよ。
ガラスぼうの
先には、ゴム
管をつけよう。

(1)　食塩は6ぱい目でとけ残りが出ました。また、ミョウバンは3ばい目でとけ残りが出ました。50mLの水にとける量が多いのは、食塩とミョウバンのどちらですか。
(　　　　　　　　　　)

(2)　50mLの水にとける食塩やミョウバンの量には、それぞれ限りがありますか。
食塩(　　　　　　　　)　ミョウバン(　　　　　　　　)

(3)　この実験からわかることについて正しいものを、次のア、イから選びましょう。
(　　　)

ア　決まった量の水にとけるものの量は、とかすものによって変わることがない。
イ　決まった量の水にとけるものの量は、とかすものによってちがう。

学習の目標・
水にものをたくさんとかす方法について理解しよう。

2 水にとけるものの量②

基本のワーク

教科書 152〜154ページ 答え 21ページ

図を見て、あとの問いに答えましょう。

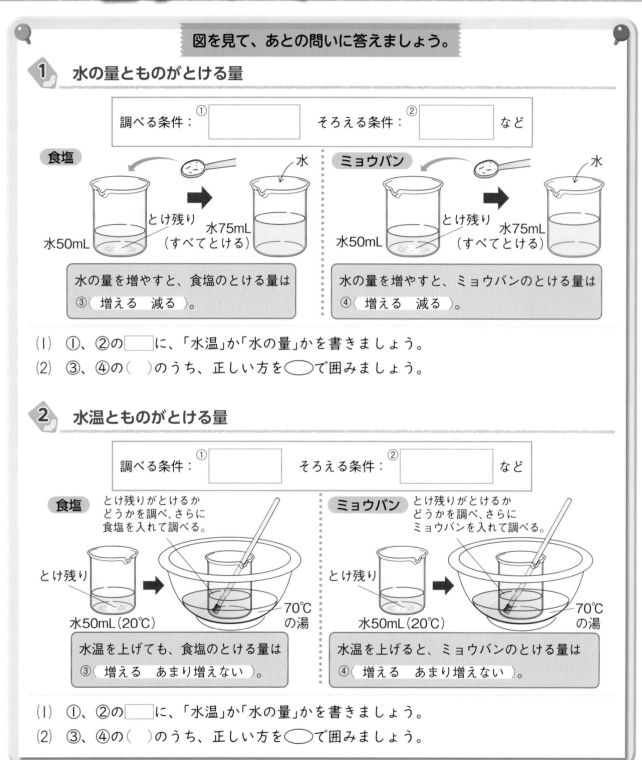

1 水の量とものがとける量

調べる条件：① _____　　そろえる条件：② _____　など

食塩

水50mL　とけ残り（すべてとける）　水75mL　水

水の量を増やすと、食塩のとける量は
③（ 増える　減る ）。

ミョウバン

水50mL　とけ残り（すべてとける）　水75mL　水

水の量を増やすと、ミョウバンのとける量は
④（ 増える　減る ）。

(1) ①、②の ☐ に、「水温」か「水の量」かを書きましょう。

(2) ③、④の（ ）のうち、正しい方を ◯ で囲みましょう。

2 水温とものがとける量

調べる条件：① _____　　そろえる条件：② _____　など

食塩

とけ残りがとけるかどうかを調べ、さらに食塩を入れて調べる。

とけ残り　水50mL（20℃）　70℃の湯

水温を上げても、食塩のとける量は
③（ 増える　あまり増えない ）。

ミョウバン

とけ残りがとけるかどうかを調べ、さらにミョウバンを入れて調べる。

とけ残り　水50mL（20℃）　70℃の湯

水温を上げると、ミョウバンのとける量は
④（ 増える　あまり増えない ）。

(1) ①、②の ☐ に、「水温」か「水の量」かを書きましょう。

(2) ③、④の（ ）のうち、正しい方を ◯ で囲みましょう。

まとめ　〔 水温　水の量 〕から選んで（ ）に書きましょう。

●①（　　　　　　　）を増やすと、食塩とミョウバンのとける量が増える。

●②（　　　　　　　）を上げると、ミョウバンのとける量が増える。

はってん　ミョウバンは、ナスのつけものの色をあざやかにしたり、つくだにのにくずれを防ぐことなどに使われたりします。また、布をそめるときにもしっかりそまるように使われます。

1 次の図のように、50mLの水に食塩とミョウバンをさじですりきり1ぱいずつとかし、何ばいまでとけるかを調べました。次に、それぞれに水25mLを加えて、とける量を調べました。あとの問いに答えましょう。

食塩　　ミョウバン　　食塩　　ミョウバン

水50mL　　　　水75mL

(1) この実験をするとき、水温はそろえますか、変えますか。（　　　　　）

(2) 水の量を増やすと、食塩やミョウバンのとける量はそれぞれどのようになりますか。

食塩（　　　　　）　ミョウバン（　　　　　）

2 いろいろな温度の水50mLにミョウバンや食塩が何gまでとけるのか、くわしく調べました。表は、そのときの結果を表したものです。あとの問いに答えましょう。

水温	ミョウバン	食塩
20℃	5.7g	17.9g
40℃	11.9g	18.2g
60℃	28.7g	18.5g

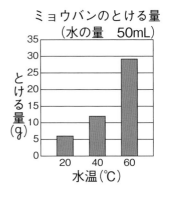

ミョウバンのとける量
（水の量　50mL）

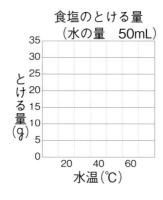

食塩のとける量
（水の量　50mL）

作図 (1) ミョウバンのグラフを例に、水温と食塩のとける量の関係をグラフにまとめましょう。

(2) 20℃の水50mLを入れたビーカーを2つ用意し、それぞれにミョウバンと食塩を20gずつ入れてかき混ぜました。ミョウバンと食塩はどのようになりますか。次のア、イからそれぞれ選びましょう。　ミョウバン（　　　　）　食塩（　　　　）

ア　とけ残りが出る。

イ　すべてとける。

(3) 60℃の水50mLを入れたビーカーを2つ用意し、それぞれにミョウバンと食塩を20gずつ入れてかき混ぜました。ミョウバンと食塩はどのようになりますか。(2)のア、イからそれぞれ選びましょう。　ミョウバン（　　　　）　食塩（　　　　）

(4) 水温を上げると、50mLの水にとけるミョウバンや食塩の量はそれぞれどのようになりますか。　ミョウバン（　　　　　）

食塩（　　　　　）

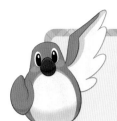

まとめのテスト①

8 もののとけ方

時間 20分

勉強した日　月　日

得点　/100点

教科書 144~154、184~185ページ　答え 22ページ

1 [水溶液] 食塩、コーヒーシュガー、でんぷんを水の入ったビーカーに入れてかき混ぜると、次の写真のようになりました。あとの問いに答えましょう。　1つ5〔20点〕

㋐
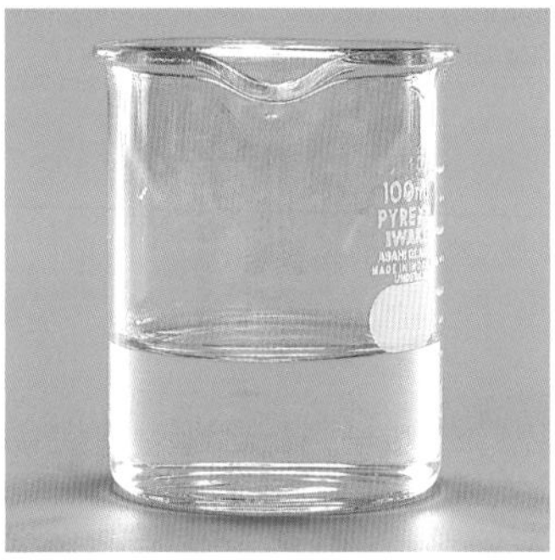
食塩

㋑
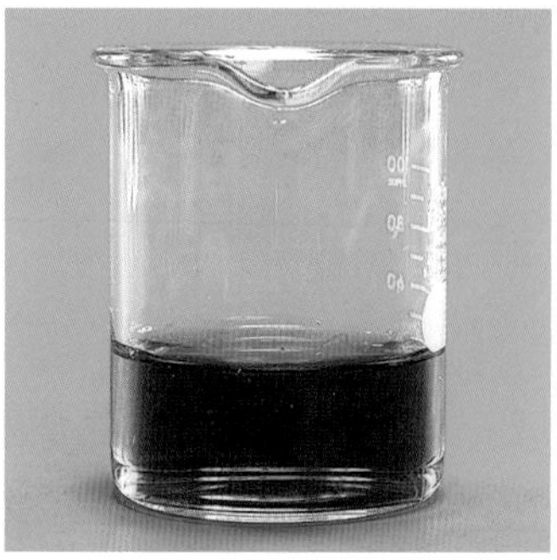
コーヒーシュガー

㋒
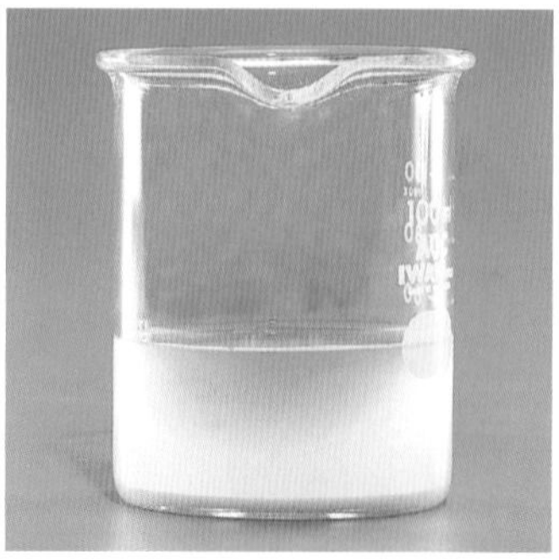
でんぷん

(1) 水にものがとけた液体のことを何といいますか。　(　　　　)

(2) (1)で答えた液体について、正しいもの2つに○をつけましょう。

①(　　)とう明である。

②(　　)にごって見えるものもある。

③(　　)色がついているものはない。

④(　　)色がついているものもある。

(3) ㋐~㋒のうち、(1)でないものを選びましょう。　(　　)

2 [水溶液の重さ] 食塩を水にとかしたときの重さについて、次の問いに答えましょう。　1つ4〔20点〕

(1) 食塩は水にとけるとどのようになりますか。次のア、イから選びましょう。　(　　)

ア　つぶが液全体に広がり、見えなくなる。

イ　つぶがなくなってしまう。

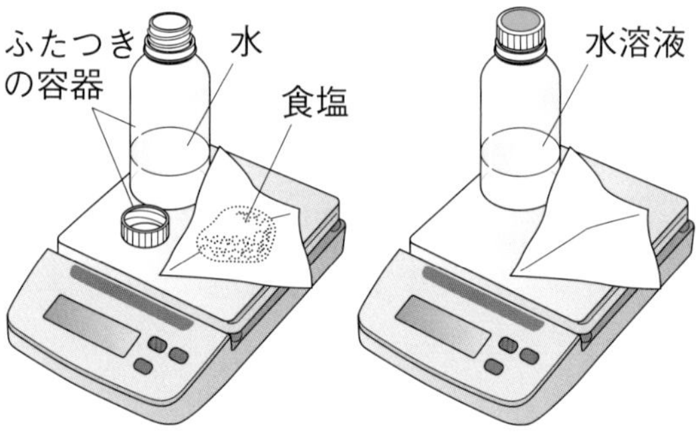

とかす前　とかした後

(2) 右の図のようにして、食塩を水にとかす前ととかした後の全体の重さをはかりました。とかす前ととかした後で、全体の重さは変わりますか、変わりませんか。　(　　　　)

記述 (3) 水溶液の重さはどのようにして計算することができますか。「水の重さ」と「とかしたものの重さ」という言葉を使って、式の形で表しましょう。

(　　　　　　　　　　)

(4) 50gの水に8gの食塩を入れてよく混ぜました。できた食塩の水溶液の重さは何gですか。

(　　　　)

(5) 100gの水に食塩を入れてよく混ぜると、できた食塩の水溶液の重さは112gでした。何gの食塩を入れましたか。　(　　　　)

3 　水の量ともののとける量 　50mLと75mLの水にそれぞれ食塩をとかし、水の量を増やすと食塩のとける量が変わるかどうかを調べました。30℃の水50mLに食塩はさじですりきり5はいまでとけます。次の問いに答えましょう。

1つ5〔30点〕

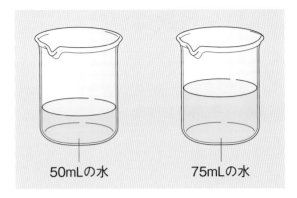

50mLの水　　　　75mLの水

(1)　この実験をするとき、そろえる条件は何ですか。次のア〜ウから2つ選びましょう。
（　　　　　）（　　　　　）

　ア　水温
　イ　水の量
　ウ　さじの大きさ

(2)　30℃の水50mLに食塩をさじで7はい入れました。とけ残りは出ますか。
（　　　　　　　　　）

(3)　30℃の水75mLに食塩をさじで7はい入れました。とけ残りは出ますか。
（　　　　　　　　　）

(4)　(2)、(3)より、水に食塩をたくさんとかすためにはどのようにすればよいことがわかりますか。（　　　　　　　　　　　　　　　　　）

(5)　同じようにして、ミョウバンでも調べました。水にとけるミョウバンの量は、水の量が増えるとどのようになりますか。（　　　　　　　　　　）

4 　水温ともののとける量 　右のグラフは、50mLの水にとけるミョウバンと食塩の量を、水温を変えて調べたものです。次の問いに答えましょう。

1つ5〔30点〕

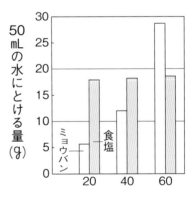

(1)　20℃の水50mLに10gのミョウバンをとかしました。とけ残りは出ますか、出ませんか。
（　　　　　　　　　）

(2)　60℃の水50mLに10gのミョウバンをとかしました。とけ残りは出ますか、出ませんか。
（　　　　　　　　　）

(3)　水温を上げたとき、同じ量の水にとけるミョウバンの量はどのようになりますか。
（　　　　　　　　　）

(4)　20℃の水50mLに20gの食塩をとかした後、水温を60℃まで上げました。とけ残りはどのようになりますか。次のア〜ウから選びましょう。（　　　　　）
　ア　さらに増える。
　イ　すべてとける。
　ウ　あまり変わらない。

(5)　水温を上げたとき、同じ量の水にとける食塩の量はどのようになりますか。
（　　　　　　　　　）

(6)　40℃の水100mLが入ったビーカーを2つ用意して、それぞれに食塩とミョウバンを入れて、とけ残りが出ないように、とけるだけとかしました。食塩とミョウバンで、どちらがより多くとけましたか。（　　　　　　　　　）

勉強した日　月　日

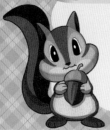

3　水溶液にとけているものを取り出すには

学習の目標
水にとけているものを取り出す方法について確にんしよう。

基本のワーク

教科書 155〜160、188〜189ページ　答え 23ページ

図を見て、あとの問いに答えましょう。

1 ろ過(か)のしかた

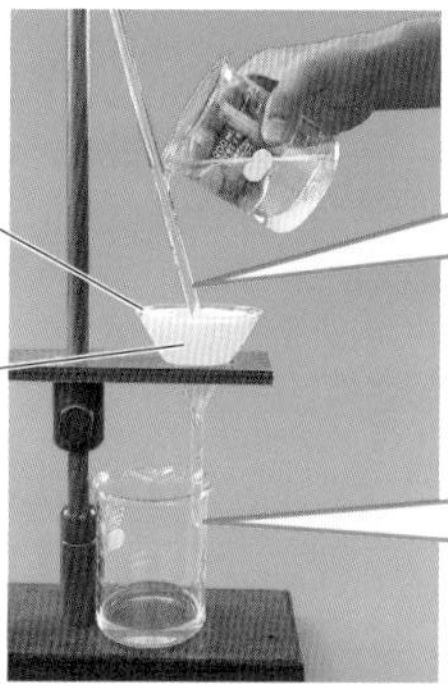

㋐ [　　]

㋑ [　　]

液は ①[　　] に伝わらせる。

ろうとの足は ②[　　] のかべにつける。

(1) ㋐の[　]に器具、㋑の[　]に紙の名前を書きましょう。

(2) ろ過するときの注意点について、①、②の[　]に当てはまる言葉を書きましょう。

2 水溶液からミョウバンや食塩を取り出す

水をじょう発させる

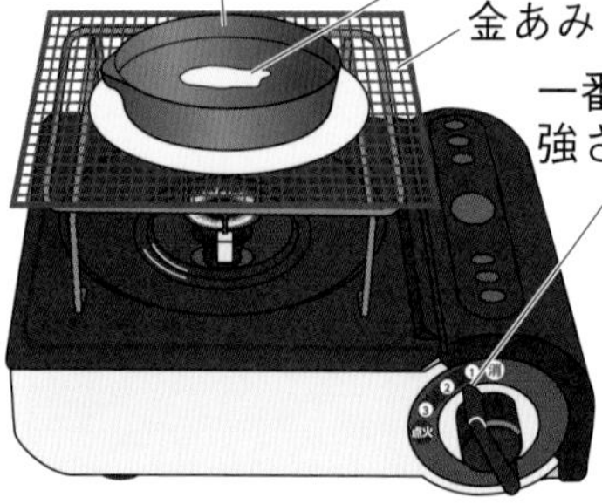

じょう発皿
ろ過した水溶液
金あみ
一番弱い火の強さで熱する。

水溶液を冷やす

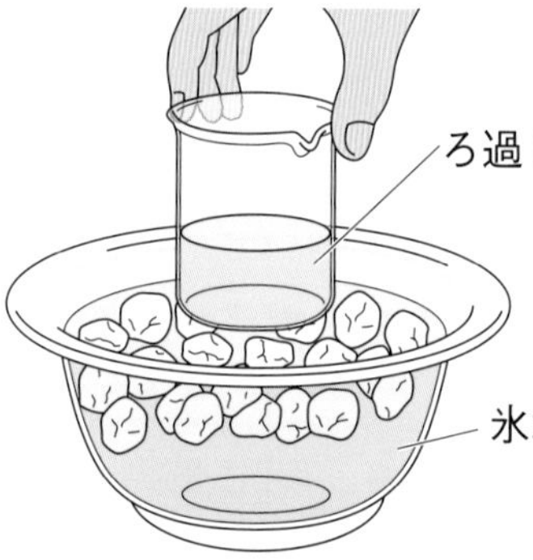

ろ過した水溶液
氷水

水をじょう発させると、
①[　　] も
②[　　] も取り出せる。

水溶液を冷やすと、
③[　　] は取り出せるが、
④[　　] はほとんど取り出せない。

● ①〜④の[　]に、「ミョウバン」か「食塩」から選んで書きましょう。

まとめ　〔 食塩　ミョウバン 〕から選んで(　)に書きましょう。

①(　　　　) は、水をじょう発させたり冷やしたりして取り出す。

②(　　　　) は、水をじょう発させて取り出す。

はってん　水溶液を冷やしたり、じょう発させたりして出てきたつぶは、規則(きそく)正しい形をしています。このつぶを結晶(けっしょう)といいます。結晶の形はとけているものの種類によって決まっています。

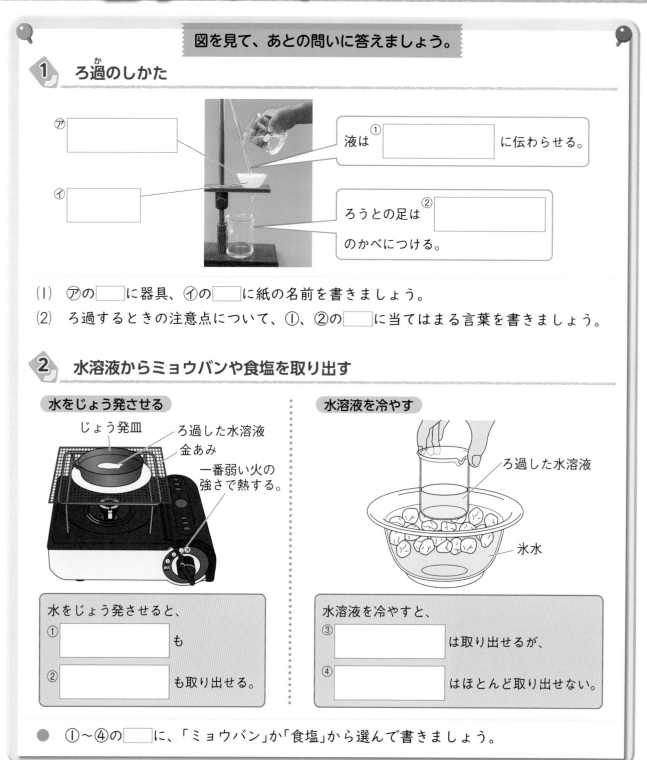

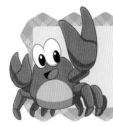

練習のワーク

できた数　／8問中

教科書 155～160、188～189ページ　答え 23ページ

1 **50℃の水にミョウバンをとけるだけとかした水溶液を置いておくと、図1のようにミョウバンのつぶが出てきたので、図2のようにしてミョウバンをこしました。次の問いに答えましょう。**

(1) 図2の㋐の紙、㋑の器具を何といいますか。　㋐(　　　)　㋑(　　　)

(2) ㋐の紙を㋑の器具につけるとき、どのようにしますか。次のア、イから選びましょう。(　　　)

ア　㋐を㋑に強くおしてつける。

イ　㋐を水でしめらせて㋑にぴったりつける。

図1

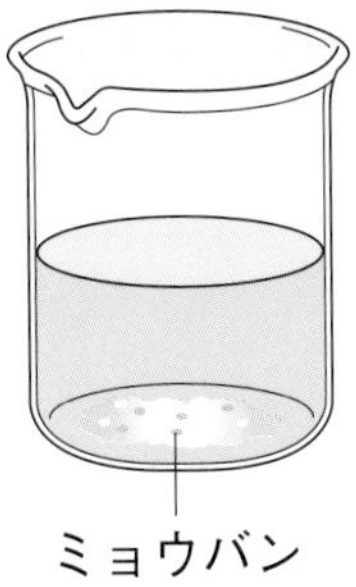

図2

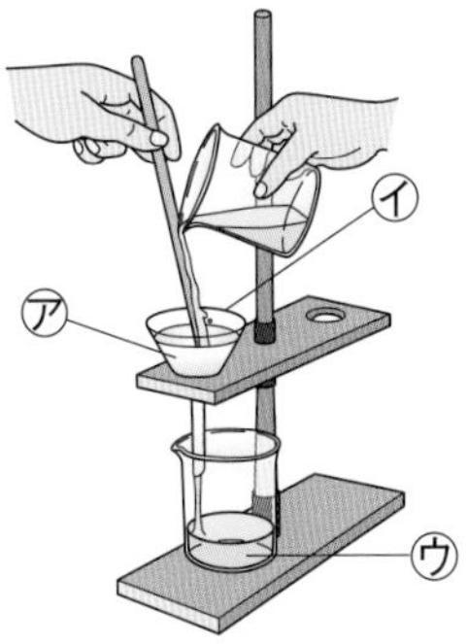

(3) 図2のようにして、ミョウバンのつぶをこして取り出すことを何といいますか。(　　　)

(4) ㋒の液を冷やすとどのようになりますか。次のア、イから選びましょう。(　　　)

ア　ミョウバンのつぶが出てくる。　イ　ミョウバンのつぶはほとんど出てこない。

(5) ㋒の液をじょう発皿に少し取り、熱して水をじょう発させました。つぶは出てきますか。(　　　)

2 **図1のように、食塩をとけるだけとかした水溶液を、図2のように熱したり、図3のように冷やしたりしました。あとの問いに答えましょう。**

図1

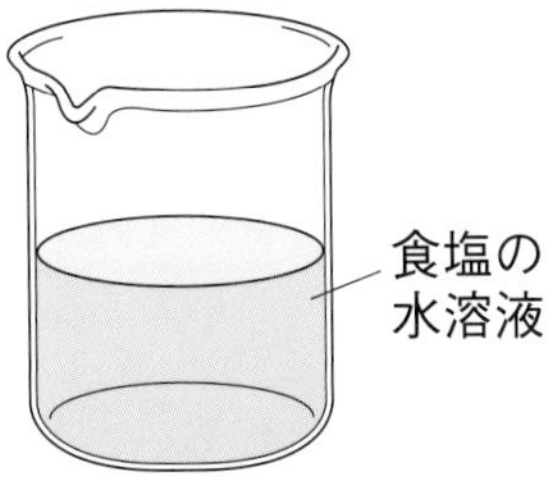

図2

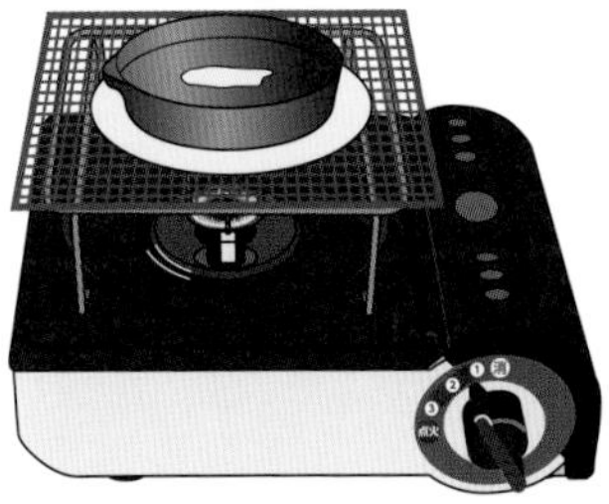

図3

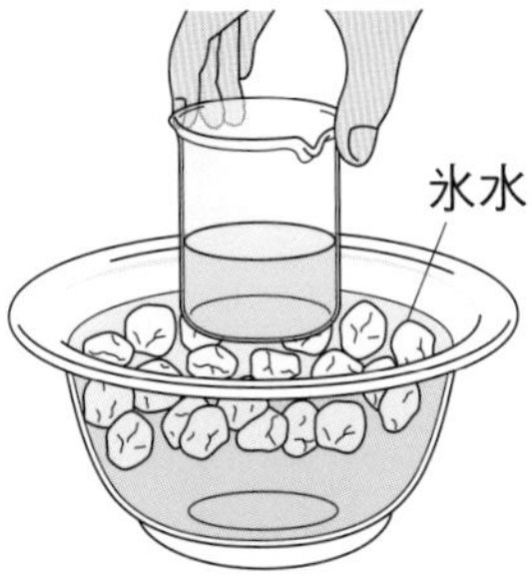

(1) 図2で、水溶液の水をじょう発させると、どのようになりますか。次のア、イから選びましょう。(　　　)

ア　食塩のつぶが出てくる。　イ　食塩のつぶはほとんど出てこない。

(2) 図3で、水溶液を冷やしても、食塩のつぶがほとんど出てきませんでした。それはなぜですか。次のア、イから選びましょう。(　　　)

ア　食塩は水温を下げるととける量が大きく変わるため。

イ　食塩は水温を下げてもとける量があまり変わらないため。

まとめのテスト②

8 もののとけ方

時間 20分

得点　/100点

教科書 155～160、188～189ページ　答え 24ページ

1 とけたものの取り出し方 60℃の水50mLにミョウバンをとけるだけとかし、40℃まで冷やしました。そして、出てきたミョウバンのつぶをろ紙でこして取り出しました。次の問いに答えましょう。

1つ5〔20点〕

(1) ろ紙でこしてつぶを取り出すことを何といいますか。（　　　）

(2) (1)の方法として正しいものを、次の㋐～㋓から選びましょう。ただし、ろうと台はかかれていません。（　　　）

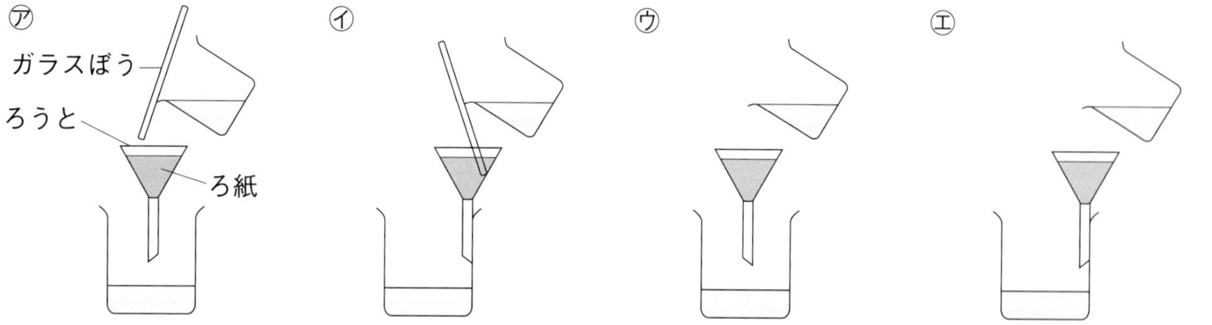

(3) (2)で、ミョウバンの水溶液は、ろうとのどこまで入れますか。正しい方に○をつけましょう。

①（　　　）ろ紙の少し上まで入れる。

②（　　　）ろ紙の少し下まで入れる。

(4) ミョウバンのつぶをこして取りのぞいた液に、ミョウバンはとけていますか、とけていませんか。（　　　）

よく出る **2 食塩の水溶液から食塩を取り出す** 右の表は、いろいろな温度の水50mLにとける食塩の量を表したものです。次の問いに答えましょう。

1つ8〔24点〕

水温	食　塩
0℃	17.8g
20℃	17.9g
40℃	18.2g
60℃	18.5g

(1) 60℃の水50mLに食塩30gを入れて、ガラスぼうでよくかき混ぜました。このとき、とけ残りはおよそ何gありますか。次のア～エから選びましょう。（　　　）

ア　18.5g　　イ　16.5g

ウ　14.5g　　エ　11.5g

(2) (1)の水溶液で、とけ残りの食塩だけを取り出すにはどのようにしますか。正しい方に○をつけましょう。

①（　　　）ろ紙でこして取り出す。

②（　　　）水溶液に60℃の水を加える。

(3) 60℃の水50mLに食塩をとけるだけとかしました。この水溶液からとけている食塩のつぶをより多く取り出すにはどのようにしますか。正しい方に○をつけましょう。

①（　　　）水溶液を氷水で冷やした後でろ過する。

②（　　　）水溶液を熱して水をじょう発させる。

3 ミョウバンの水溶液からミョウバンを取り出す　右の図1は、水温と水50mLにとける
ミョウバンの量の関係を表したものです。次の問いに答えましょう。　　　1つ8〔56点〕

(1)　40℃の水50mLにミョウバン10gを入れて、
よくかき混ぜました。ミョウバンはすべて水にと
けますか、とけ残りが出ますか。

（　　　　　　　　　）

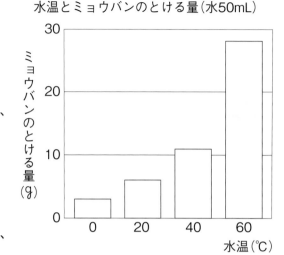

図1

水温とミョウバンのとける量（水50mL）

(2)　40℃の水50mLにミョウバンをとけるだけと
かしました。その後、水溶液を20℃まで冷やすと、
とけていたミョウバンはどうなりますか。正しい
方に○をつけましょう。
　①（　　　　）つぶが出てくる。
　②（　　　　）つぶはほとんど出てこない。

(3)　(2)のようになるのはなぜですか。正しいものを、
次のア～ウから選びましょう。　　　（　　　　　）
　ア　40℃の水50mLと20℃の水50mLにとけるミョウバンの量は同じだから。
　イ　40℃の水50mLにとけるミョウバンの量の方が、20℃の水50mLにとけるミョウバ
　　ンの量より多いから。
　ウ　40℃の水50mLにとけるミョウバンの量の方が、20℃の水50mLにとけるミョウバ
　　ンの量より少ないから。

(4)　60℃の水50mLにミョウバンをとけるだけとかしました。そのま
まにしておくと、水溶液の温度が20℃になったとき、図2のように
ミョウバンのつぶが出てきました。このミョウバンのつぶを取り出す
にはどのようにしますか。「ろ紙」という言葉を使って書きましょう。
（

図2

ミョウバン

(5)　60℃の水50mLにミョウバンをとけるだけとかして、そのままに
しておきました。水溶液の温度が40℃になったときと、水溶液の温
度が20℃になったときとで出てきたつぶの量を比べると、どうなりますか。正しいものに
○をつけましょう。
　①（　　　　）出てきたつぶの量は、40℃のときの方が20℃のときより多い。
　②（　　　　）出てきたつぶの量は、20℃のときの方が40℃のときより多い。
　③（　　　　）出てきたつぶの量は、40℃のときも20℃のときも同じである。

(6)　60℃の水50mLにミョウバンをとけるだけとかして
20℃まで冷やすと、ミョウバンのつぶが出てきたので、
(4)の方法で取り出しました。その後で、残った水溶液を図
3のようにして、熱しました。ミョウバンのつぶは出てき
ますか。　　　　　　　　　　　（　　　　　　　　　）

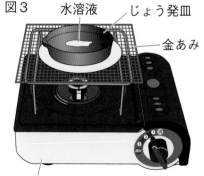

図3　　水溶液　　じょう発皿

金あみ

実験用ガスコンロ

(7)　(6)のようになったのはなぜですか。「じょう発」という言
葉を使って書きましょう。
（

1　人のたんじょう

基本のワーク

学習の目標
受精卵の育ち方や、たい児の養分の受け取り方を理解しよう。

教科書 162〜175ページ　　答え 25ページ

図を見て、あとの問いに答えましょう。

1　たい児の育ち方

25週目

約②（　38　48　）週後にたんじょうする。
身長　50cm
体重　およそ3000g

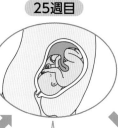
心ぞうが動き始める。

卵（卵子）と精子がいっしょになって、約0.1mmの①（　たい児　受精卵　）になる。

子宮

4週目

頭の毛が生えて、体を動かすようになる。

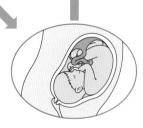

● ①、②の（　）のうち、正しい方を◯で囲みましょう。

2　子宮の中のようす

たい児は①□□□□で育つ。

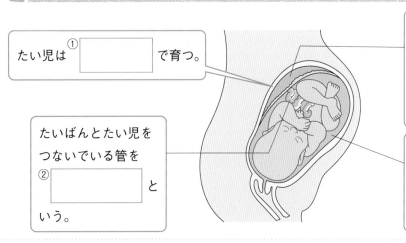

母親からの養分と、たい児がいらなくなったものを交かんする部分を③□□□□□という。

たいばんとたい児をつないでいる管を②□□□□という。

子宮の中でたい児をとり囲む液体を④□□□□という。

● ①〜④の□□に当てはまる言葉を、下の〔　〕から選んで書きましょう。
〔　たいばん　　へそのお　　子宮　　羊水　〕

まとめ　〔　へそのお　子宮　受精卵　〕から選んで（　）に書きましょう。
● ①（　　　　　　）は②（　　　　　　　）で成長し、たい児になる。
● たい児は、母親と③（　　　　　　　）でつながり、母親から養分を受け取る。

動物には鳥や魚のようにたまごで生まれるものと、イヌや人のように親に似たすがたで生まれるものがあります。親に似たすがたで生まれるなかまを、ほにゅう類といいます。

練習のワーク

教科書 162〜175ページ　　答え 25ページ

1 右の図は、人の受精卵を表したものです。次の問いに答えましょう。

(1) 受精卵は何と何がいっしょになったものですか。（ ）に当てはまる言葉を書きましょう。

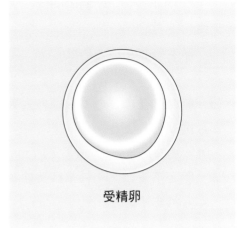

受精卵

女性の体内でつくられた①（　　　　　　）と男性の体内でつくられた②（　　　　　　）がいっしょになったものである。

(2) (1)の①と②がいっしょになることを、何といいますか。（　　　　　　）

(3) 受精卵の大きさはどのくらいですか。次のア〜ウから選びましょう。（　　　　　　）

ア　約0.1mm　　イ　約1mm　　ウ　約1cm

(4) 受精卵はどのように成長しますか。正しいものに○をつけましょう。

① （　　　）受精後すぐに人らしい形になり、その後しだいに大きくなる。

② （　　　）受精後1〜2か月で人らしい形になり、その後しだいに大きくなる。

③ （　　　）受精後約38週で人らしい形になり、その後しだいに大きくなる。

(5) 人の受精卵の中には、メダカと同じように育つための養分がありますか、ありませんか。

（　　　　　　）

2 母親の子宮の中で、たい児がどのように育っていくのかを調べました。次の問いに答えましょう。

(1) 図の㋐〜㋒をそれぞれ何といいますか。

㋐（　　　　　　）
㋑（　　　　　　）
㋒（　　　　　　）

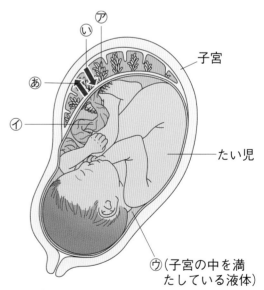

子宮

たい児

㋒（子宮の中を満たしている液体）

(2) 図の㋐〜㋒の説明として正しいものを、次のア〜ウからそれぞれ選びましょう。

㋐（　　　）㋑（　　　）㋒（　　　）

ア　たい児は、この中にうかんだようになっている。

イ　たい児がいらなくなったものと、母親の体から運ばれてきた養分が交かんされる。

ウ　たい児とたいばんをつないでいる。

(3) 養分の移動を表しているのは、図のあ、いのどちらの矢印ですか。（　　　　　　）

(4) たい児は、母親の体内でどのくらいの間育てられた後にたんじょうしますか。次のア〜ウから選びましょう。（　　　　　　）

ア　約4週　　イ　約14週　　ウ　約38週

91

まとめのテスト

9　人のたんじょう

時間 **20** 分

得点 /100点

教科書 162〜175ページ　答え 25ページ

1 人の卵と精子 右の図は、人の卵（卵子）と精子のようすを表したものです。次の問いに答えましょう。

1つ5〔30点〕

⑴　卵を表しているのは、㋐、㋑のどちらですか。（　　　　）

⑵　卵の直径はどのくらいの大きさですか。次のア〜ウから選びましょう。（　　　　）

　　ア　約0.1mm　　イ　約1mm　　ウ　約1cm

⑶　卵と精子は、それぞれ女性と男性のどちらの体内でつくられますか。　　卵（　　　　）
　　　　　　　　　　　　　　　　　　　　精子（　　　　）

⑷　卵と精子がいっしょになることを何といいますか。（　　　　）

⑸　卵と精子がいっしょになってできた卵を何といいますか。（　　　　）

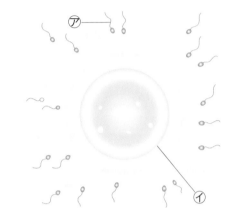

2 人の育ち方 次の図は、受精後約4週目、約14週目、約25週目、約38週目のいずれかの人の子どものようすを表したものです。あとの問いに答えましょう。

1つ5〔30点〕

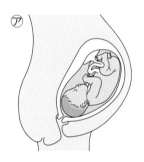　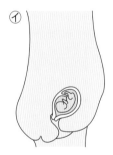　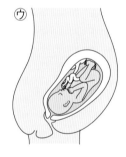　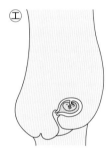

⑴　母親の体内で成長する子どものことを何といいますか。（　　　　）

⑵　㋐〜㋓を人の子どもが育つ順にならべましょう。

　　（　　　→　　　→　　　→　　　）

⑶　心ぞうが動き始めるのは、㋐〜㋓のどのころですか。（　　　　）

⑷　身長が15〜16cmになるのは、㋐〜㋓のどのころですか。（　　　　）

⑸　頭の毛が生えてきて、体を動かすようになるのは、㋐〜㋓のどのころですか。（　　　　）

⑹　人の子どもがたんじょうするときの大きさは、およそどのくらいですか。次のア〜ウから選びましょう。（　　　　）

　　ア　身長5cm、体重およそ300g

　　イ　身長50cm、体重およそ3000g

　　ウ　身長100cm、体重およそ10000g

3 〔たい児が育つところ〕 右の図は、母親の体内にいるたい児のようすを表したものです。次の問いに答えましょう。

1つ4〔28点〕

(1) 人のたい児は、母親の体内の何というところで成長しますか。　（　　　　　　　　　）

(2) 母親からの養分と、たい児からのいらなくなったものを交かんしている部分は、㋐〜㋓のどこですか。（　　　）

(3) (2)の部分の名前を何といいますか。

（　　　　　　　　　）

(4) (2)の部分とたい児をつないでいて、養分やいらなくなったものの通り道になっている部分は、㋐〜㋓のどこですか。

（　　　　　　　　　）

(5) (4)の部分の名前を何といいますか。

（　　　　　　　　　）

(6) たい児をとり囲んでいて、外から受けるしょうげきからたい児を守っている液体を何といいますか。

（　　　　　　　　　）

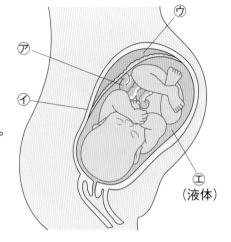

記述 (7) (6)の液体にうかんだようになっていることで、たい児は(1)の中でどうすることができますか。「体」という言葉を使って書きましょう。

（　　　　　　　　　　　　　　　　　　　　　　　　　　）

チャレンジ! **4** 〔動物のたんじょう〕 いろいろな動物のたんじょうについて、次の問いに答えましょう。

1つ4〔12点〕

(1) 人と同じように、子が母親の体内である程度育ってから生まれてくる動物はどれですか。次の㋐〜㋒から選びましょう。　（　　　）

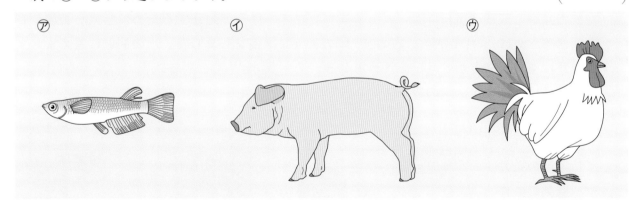

(2) 親と似たすがたで生まれる動物の子は、どのようにして育ってから、生まれますか。次のア、イから選びましょう。　（　　　）

ア　受精卵の中の養分を使って育ってから、生まれる。

イ　母親の体内で母親から養分をもらって育ってから、生まれる。

(3) たまごで生まれる動物の子は、たまごの中でどのようにして育ちますか。次のア、イから選びましょう。　（　　　）

ア　たまごの中の養分を使って育ち、たまごからかえる。

イ　母親から養分をもらって育ち、たまごからかえる。

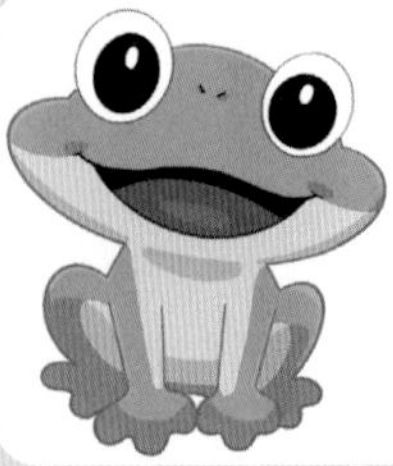

考えてとく問題にチャレンジ!

プラスワーク

勉強した日　月　日

[答え] 26ページ

1 ふりこの運動 [教科書] 6～19ページ

メトロノームは、ふりこのしくみを利用した道具です。メトロノームがふれているようすを調べてみると、支点が下の方にあることがわかりました。次の問いに答えましょう。

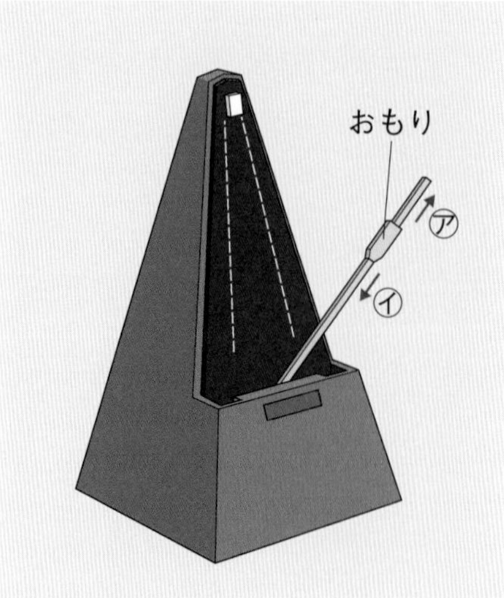

おもり
㋐
㋑

(1)　メトロノームが1分間で120往復するとき、1往復するのにかかる時間は何秒ですか。（　　）

(2)　ふりこの長さをどのようにすれば、1往復する時間が長くなりますか。（　　）

(3)　メトロノームのふれ方をおそくしたいとき、おもりを㋐、㋑のどちらの方向に動かせばよいですか。（　　）

[思考] (4)　メトロノームのおもりの位置は変えずに、ふれはばを大きくすると、メトロノームがふれる速さは、どのようになりますか。次のア～エから選びましょう。（　　）

ア　速くなる。

イ　おそくなる。

ウ　速くなったり、おそくなったりする。

エ　変わらない。

2 種子の発芽と成長 [教科書] 20～39ページ

インゲンマメの種子が発芽するために空気が必要かどうかを調べるために、同じ部屋で、右の㋐、㋑のような準備をしました。次の問いに答えましょう。

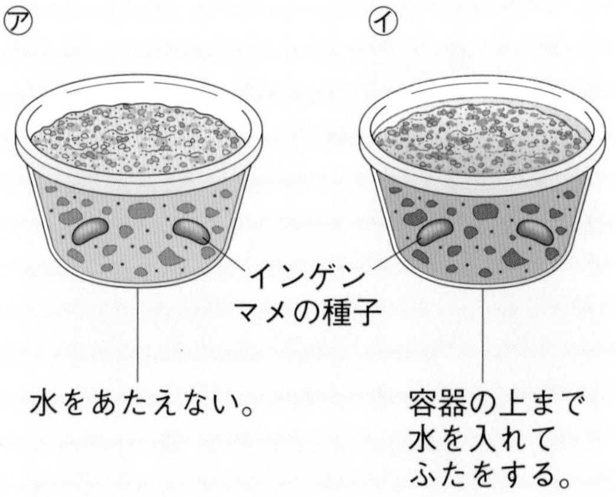

㋐
㋑
インゲンマメの種子
水をあたえない。
容器の上まで水を入れてふたをする。

(1)　発芽に空気が必要かどうかを調べるとき、変える条件は何ですか。次のア～エから選びましょう。（　　）

ア　水の条件

イ　温度の条件

ウ　空気の条件

エ　明るさの条件

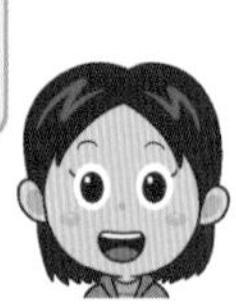

3つは、そろえる条件だよ。

(2)　発芽に空気が必要かどうかを調べるとき、そろえる条件は何ですか。(1)のア～エからすべて選びましょう。（　　）

(3)　用意した㋐と㋑で、そろえている条件は何ですか。(1)のア～エからすべて選びましょう。（　　）

[思考] (4)　用意した㋐と㋑では、発芽に空気が必要かどうかを正しく調べることができません。正しく調べるためには、㋐と㋑のどちらをどのようにするとよいですか。

（　　）

教科書ワーク

答えとてびき

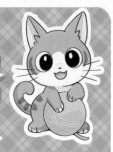

「答えとてびき」は、とりはずすことができます。

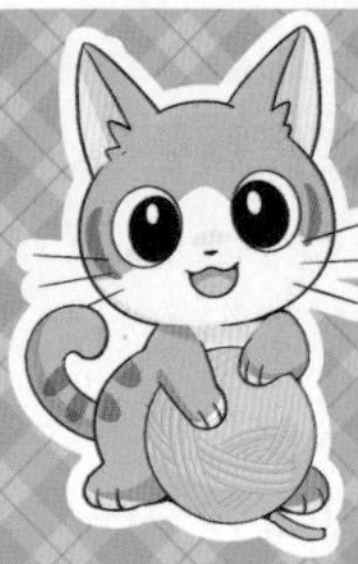

学校図書版

理科5年

使い方

まちがえた問題は、もう一度よく読んで、なぜまちがえたのかを考えましょう。正しい答えを知るだけでなく、なぜそうなるかを考えることが大切です。

1 ふりこの運動

2ページ 基本のワーク

❶ ①長さ ②ふれはば ③往復

❷ (1)①1.4 ②1.4 ③1.4 ④1.4
⑤1.4 ⑥1.4 ⑦1.4 ⑧1.4
⑨1.4 ⑩1.4
(2)⑪「同じ」に◯

まとめ ①ふれはば ②時間

3ページ 練習のワーク

❶ (1)ふりこ (2)ふれはば
(3)ふりこの長さ (4)ウ

❷ (1)①1.4 ②1.4 ③1.4 ④1.4
⑤1.4 (2)①に○
(3)⑥1.4 ⑦1.4 ⑧1.4 ⑨1.4
⑩1.4
(4)同じになること。(変わらないこと。)

てびき ❶ (4)ふりこが左右に1回ふれて、ふれ始めた位置にもどってくるまでの動きを、1往復といいます。

❷ (1)①(10往復する時間)÷10=(1往復する時間)なので、
13.96÷10=1.396(秒)
小数第2位以下を四捨五入して、1.4秒
②~⑤も同じようにして計算します。

(2)ふりこが1往復する時間は短く、正確(せいかく)に計ることがむずかしいので、10往復する時間を計って、10でわって求めます。

(3)(4)ふり始めの角度を変えても、ふりこが1往復する時間を計算すると、1.4秒です。このことから、同じふりこでは、ふれはばが変わってもふりこが1往復する時間は同じである(変わらない)ことがわかります。

4ページ 基本のワーク

❶ ①ふれはば
②ふりこの長さ
③おもりの重さ(②、③は順不同)
④ふりこの長さ
⑤ふれはば
⑥おもりの重さ(⑤、⑥は順不同)
⑦おもりの重さ
⑧ふれはば
⑨ふりこの長さ(⑧、⑨は順不同)

❷ ①「長くなる」に◯

まとめ ①変える ②長い

5ページ 練習のワーク

❶ (1)①そろえている。 ②変えている。
③そろえている。
(2)ふりこの長さ

❷ (1)②に○ (2)いえる。
(3)ア
(4)(ふりこの長さを)短くする。

てびき ❶ ふりこの長さだけを変えているので、ふりこの長さとふりこが1往復する時間との関係がわかります。

❷ (1)調べる条件(ふりこの長さ)だけを変え、その他の条件はすべて同じにします。

(2)ふりこの長さだけを変えて実験した結果を比べているので、ふりこの長さを変えるとふりこが1往復する時間が変わることがわかります。

(3)ふりこの長さが長くなるほど、ふりこが1往復する時間は長くなります。

| 6ページ | 基本のワーク |

❶ (1)①長さ
(2)②「変わらない」に◯

❷ ①短く ②速く ③長く ④おそく

まとめ ①長さ ②重さ

| 7ページ | 練習のワーク |

❶ (1)①あに◯ ②いに◯
(2)①うに◯ ②うに◯
(3)①いに◯ ②うに◯
(4)ふりこの長さ (5)ふりこの法則

てびき ❶ (1)ふりこの長さだけを変えています。ふりこの長さが長いほど、ふりこが1往復する時間は長くなります。

(2)ふれはばだけを変えています。ふりこの長さが同じであれば、ふれはばを変えてもふりこが1往復する時間は変わりません。

(3)おもりの重さだけを変えています。ふりこの長さが同じであれば、おもりの重さを変えてもふりこが1往復する時間は変わりません。

わかる! 理科 おもりを2個、3個とつるすとき、上下につながないようにします。ふりこの長さは、支点からおもりの中心までの長さなので、上下につないでしまうと、ふりこの長さが変わってしまい、正しく調べられな

いからです。

(4)(5)ふりこの長さが同じなら、おもりの重さを変えたり、ふれはばを変えたりしても、ふりこが1往復する時間は変わりません。これを「ふりこの法則」といいます。

| 8・9ページ | まとめのテスト |

❶ (1)ウ (2)ウ (3)①1.8秒 ②1.8秒

❷ (1)ウ
(2)

❸ (1)①イ ②ウ ③ア ④ウ ⑤ア ⑥イ
(①と②、③と④、⑤と⑥は順不同)
(2)変わらない。 (3)変わらない。
(4)変わる。 (5)ふりこの法則
(6)ふりこの長さを長くする。

丸つけの ポイント

❸ (6)「ふりこの支点からおもりの中心までの長さ」を「長くする」「大きくする」「のばす」などの言葉で書かれていれば正解です。
(例)「おもりをつるすひもを長くする。」

てびき ❶ (2)ふりこが1往復する時間は短くて計りにくいので、10往復する時間を10でわって求めます。実験では、これを5回行って求めます。

(3)①(10往復する時間)÷10=(1往復する時間)なので、
18.11÷10=1.811(秒)
小数第2位以下を四捨五入して、1.8秒

②同じように計算すると、2回目〜5回目も1往復する時間は1.8秒になります。

❷ 支点からおもりの中心までの長さを、ふりこの長さといいます。ふりこ時計は、おもりの位置を変えることで、ふりこが1往復する時間を

変えることができます。

[3] (1)①②おもりの重さとの関係を調べたいので、おもりの重さだけを変え、その他の条件はそろえます。

③④ふれはばとの関係を調べたいので、ふれはばだけを変え、その他の条件はそろえます。

⑤⑥ふりこの長さとの関係を調べたいので、ふりこの長さだけを変え、その他の条件はそろえます。

(2)〜(5)おもりの重さやふれはばを変えても、ふりこが1往復する時間は変わっていないことがわかります。ふりこの長さを変えたときは、ふりこが1往復する時間が変わっています。これを、ふりこの法則といいます。

(6)ふりこの長さを長くするとふりこが1往復する時間は長くなり、短くするとふりこが1往復する時間は短くなります。

2 種子の発芽と成長

10ページ **基本のワーク**

1 ①種子 ②発芽

2 (1)①「する」に⬭ ②「しない」に⬭

(2)③水

まとめ ①種子 ②発芽 ③水

11ページ **練習のワーク**

1 (1)発芽 (2)㋑→㋐→㋒

2 (1)ウ

(2)①変える。 ②そろえる。

③そろえる。 ④そろえる。

⑤そろえる。 ⑥そろえる。

(3)㋐発芽しない。 ㋑発芽する。

(4)水

[てびき] 1 種子は、発芽の条件がそろうと芽を出し(発芽し)、やがて成長していきます。

2 (1)水をあたえるものとあたえないものを用意して比べているので、発芽に水が必要かどうかを調べる実験だとわかります。

(2)発芽と水の関係を調べるときには、水の条件だけを変え、その他の条件をすべてそろえます。そうしないと、結果を正しく比べられません。

(3)(4)水をあたえない㋐は発芽しませんが、水をあたえた㋑は発芽します。このことから、発芽には水が必要であることがわかります。

12ページ **基本のワーク**

1 (1)①「する」に⬭

②「しない」に⬭

(2)③温度

2 (1)①「する」に⬭

②「しない」に⬭

(2)③空気

まとめ ①空気 ②温度

13ページ **練習のワーク**

1 (1)イ (2)ア、ウ (3)暗くなる。

(4)容器に箱をかぶせること。

(5)㋐発芽しない。 ㋑発芽する。

(6)適当な温度

2 (1)ウ (2)ア、イ、エ (3)空気

(4)㋐発芽する。 ㋑発芽しない。

(5)空気

丸つけのポイント

1 (4)「光が当たらないようにすること。」など、明るさについての条件をそろえることが書かれていれば正解です。

[てびき] 1 (2)温度の条件だけを変え、その他の条件をすべてそろえます。

(3)(4)冷ぞう庫の中は、戸をしめると暗くなります。明るさの条件をそろえるためには、室内に置いた㋑も箱をかぶせるなどして暗くする必要があります。

(5)(6)冷ぞう庫の中に入れた㋐は発芽しませんが、室内に置いた㋑は発芽します。このことから、発芽には適当な温度が必要であることがわかります。

2 (1)種子が空気にふれているものとふれていないものを比べているので、発芽と空気の条件との関係を調べる実験だとわかります。

(2)空気の条件だけを変え、その他の条件をすべてそろえます。

(3)〜(5)水にしずめると、種子は空気にふれることができません。空気にふれている㋐は発芽しますが、空気にふれていない㋑は発芽しません。このことから、発芽には空気が必要であることがわかります。

14・15ページ まとめのテスト❶

[1] (1)発芽　(2)ア　(3)できない。

[2] (1)㋐発芽する。　㋑発芽しない。

(2)水

[3] (1)イ　(2)ア、ウ

(3)明るさの条件を㋑とそろえるため。

(4)㋐発芽する。　㋑発芽しない。

(5)適当な温度

[4] (1)㋐発芽する。　㋑発芽しない。

㋒発芽しない。　㋓発芽しない。

㋔発芽する。

(2)㋑　(3)㋐と㋑　(4)㋒

(5)㋒と㋔　(6)㋓　(7)㋐と㋓

(8)水、空気、適当な温度

[5] (1)ウ

(2)(エアポンプで)水の中に空気を送る。

丸つけのポイント

[3] (3)「光に当てないため。」など、明るさについての条件をそろえることが書かれていれば正解です。

[5] (2)「空気をふきこむ。」など、水中の種子を空気にふれさせる方法が書かれていれば正解です。

てびき [1] (2)(3)調べる条件だけを変えて、その他の条件はすべてそろえます。そうすることで、実験結果のちがいが、その条件を変えたことによるちがいだということがわかります。その他の条件を変えてしまうと、実験結果のちがいが水の条件によるちがいかどうかがわかりません。

[2] ㋐と㋑では、水の条件だけを変えて、それ以外の条件をそろえています。実験の結果、㋐だけが発芽するので、発芽には水が必要であることがわかります。

[3] (1)(2)㋐と㋑では、温度の条件だけを変え、その他の条件をすべてそろえています。発芽と温度の条件との関係を調べることができます。

(3)冷ぞう庫の中は、戸をしめると暗くなります。温度と発芽の関係を調べたいので、温度以外の条件はすべてそろえる必要があります。そこで、明るさの条件を同じにするために、冷ぞう庫に入れない㋐にも箱をかぶせるなどして、中が暗くなるようにします。

(4)(5)㋐は発芽しますが、㋑は発芽しないことから、発芽には適当な温度が必要であることがわかります。

[4] (1)㋑は水がありません。㋒は温度が適当ではありません。㋓は種子が空気にふれていません。

(3)水の条件だけがちがう2つを比べます。

(5)温度の条件だけがちがう2つを比べます。冷ぞう庫の中は暗いので、冷ぞう庫に入れた㋒と箱をかぶせた㋔で、明るさの条件をそろえます。㋐と㋒では温度と明るさの2つの条件がちがうので、比べられません。

(7)空気の条件だけがちがう2つを比べます。

[5] 水の中にある種子は空気にふれていないので発芽しませんが、水の中にエアポンプなどで空気を送ると、種子は空気にふれることができるようになるので、発芽します。

16ページ 基本のワーク

❶ (1)①子葉　②根

(2)

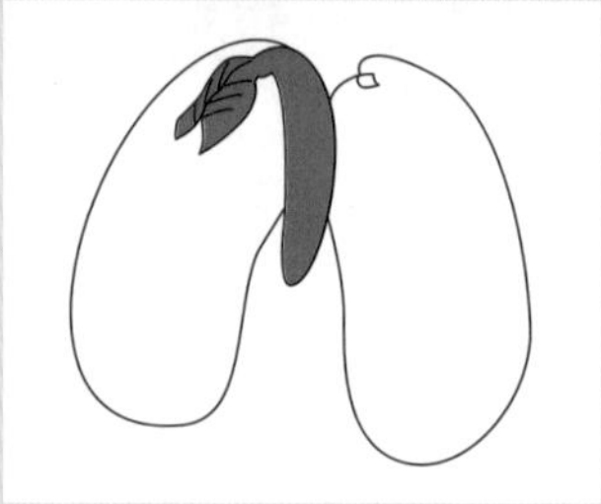

(3)

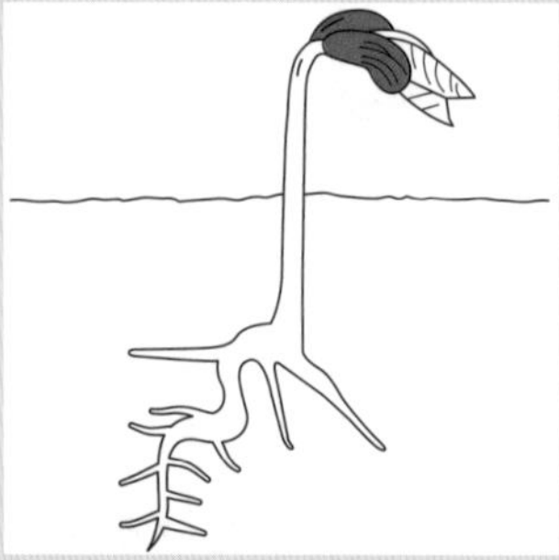

❷ (1)①でんぷん　②発芽

(2)

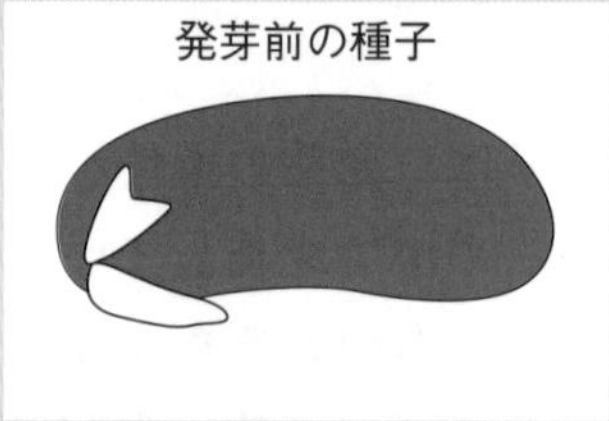

まとめ　①子葉　②でんぷん　③発芽

17ページ 練習のワーク

❶ (1)根、くき、葉　(2)子葉

(3)㋐しだいに成長する。

㋑しなびていく。

❷ (1)ヨウ素液　(2)でんぷん

(3)(こい)青むらさき色　(4)㋐
(5)ふくまれている。　(6)イ
(7)発芽(やその後の成長)のため。

丸つけのポイント

[2] (7)「芽を出すため。」など「発芽」と同じ内容が書かれていれば正解です。

てびき [1] ㋐は発芽すると根・くき・葉になる部分で、発芽するとしだいに成長していきます。㋑は養分がふくまれているところ(子葉)で、発芽後はしだいにしなびていきます。

[2] (1)〜(3)ヨウ素液を使うと、でんぷんがふくまれているかどうかを調べることができます。うすいヨウ素液をでんぷんにつけると、こい青むらさき色に変化します。

(4)〜(7)発芽する前の種子の子葉をうすめたヨウ素液にひたすと、こい青むらさき色に変化します。しかし、芽や根がのびたころのしなびた子葉をうすめたヨウ素液にひたしても、色があまり変化しません。種子の子葉にふくまれていたでんぷんが、発芽のための養分として使われて、ほとんどなくなるからです。

18ページ　基本のワーク

[1] (1)①㋐に◯　(2)②肥料
[2] (1)①㋐に◯　(2)②日光
まとめ　①肥料　②日光

19ページ　練習のワーク

[1] (1)イ、ウ　(2)㋐と㋒
(3)㋐と㋑　(4)㋐
[2] (1)㋐　(2)㋒　(3)㋑
(4)肥料、日光

てびき [1] (1)土に肥料が入っていると、肥料の条件を変えたときの結果を正しく調べることができません。また、なえの大きさがちがっていると、成長のちがいが、日光や肥料の条件を変えたことによるものなのかどうかがはっきりわからないので、実験結果のちがいを正しく比べることができません。

(2)肥料の条件だけがちがう２つを比べます。
(3)日光の条件だけがちがう２つを比べます。
(4)日光に当て、肥料をあたえたものが最もよく育ちます。

わかる！理科　植物がよく成長するためには、日光や肥料が関係しています。肥料がなくても成長はしますが、肥料をあたえるとよりよく成長します。また、発芽に必要な水、適当な温度、空気も成長のためには必要です。

・発芽に必要…水、適当な温度、空気
（インゲンマメの種子の発芽には日光や肥料は必要ではない。）
・よりよい成長に必要…日光、肥料
＋水、適当な温度、空気

[2] 日光に当てなくてもくきはのびますが、葉が黄緑色で少なく、くきが細くて弱々しく育ちます。また、肥料をあたえないと、あたえたときに比べて葉が少なく、やや小さくなります。

20・21ページ　まとめのテスト②

[1] (1)(こい)青むらさき色　(2)㋑
(3)ア　(4)発芽する前の種子
(5)発芽(やその後の成長)
[2] (1)ウ　(2)日光　(3)㋑　(4)肥料
[3] (1)イ　(2)イ
(3)なえに日光を当てないようにするため。
(4)㋐　(5)日光
[4] (1)①ア　②ウ　③イ
(2)㋑と㋒　(3)㋐と㋑
(4)日光に当て、肥料をあたえる。

丸つけのポイント

[3] (3)「暗くするため。」など、日光を当てないことが書かれていれば正解です。
[4] (4)「日光」と「肥料」という、植物の成長に必要な２つの条件が書かれた内容であれば正解です。

てびき [1] (2)でんぷんは種子の子葉(㋑)に多くふくまれています。

(3)〜(5)子葉の中のでんぷんは発芽やその後の成長に使われます。発芽して成長すると、子葉の中のでんぷんが少なくなり、うすめたヨウ素液にひたしても色があまり変化しなくなります。

[2] (1)(2)成長に肥料が関係しているかどうかを調べるので、肥料以外の条件をすべてそろえます。

(3)(4)肥料をあたえた㋑の方がよく育つことから、植物の成長には肥料が関係していることが

わかります。

[3] (2)日光以外の条件がなえの成長にえいきょうをおよぼさないように、どちらにも水でうすめた肥料をあたえます。

(3)成長に日光が必要かどうかを調べるので、㋑に箱をかぶせて、日光が当たらないようにします。日光以外の条件はすべてそろえます。

(4)(5)日光に当てた㋐の方がよく育つことから、成長には日光が関係しているとわかります。

[4] (1)肥料をあたえないと、あまり成長せず、葉もあまり増えません。また、日光に当てないと、くきはのびますが、細く、葉の色が黄緑色になります。

(2)日光の条件だけがちがう2つを比べます。

(3)肥料の条件だけがちがう2つを比べます。

(4)植物の成長には、日光と肥料の両方が関係しています。

3 魚のたんじょう

22ページ 基本のワーク

❶ (1)①「明るい」に◯　(2)②水草

❷ (1)①めす　②おす

(2)㋐せびれ　㋑しりびれ

まとめ　①せびれ　②しりびれ

23ページ 練習のワーク

❶ (1)イ　(2)ア　(3)ウ　(4)水草

(5)イ

❷ (1)[あ]せびれ　[い]しりびれ

(2)①ある　②ない　③平行四辺形

④短い

(3)㋐おす　㋑めす

てびき ❶ (1)水そうは、日光が直接当たらない、明るいところに置きます。

(3)たまごを産ませるには、おすとめすを1つの水そうに入れる必要があります。

(4)めすは、たまごを水草に産みつけるので、メダカを飼うときは、水そうに水草を入れます。

❷ メダカのおすとめすは、ひれの形で見分けることができます。おすは、せびれに切れこみがあり、しりびれは平行四辺形に近い形をしています。めすは、せびれに切れこみがなく、しりびれの後ろが短くなっています。

わかる!理科 メダカの飼い方

・日光が直接当たらないところに置く。
→日光が直接当たると、水温が上がりすぎてメダカが死んでしまうことがあります。

・くみ置きの水道水を使う。
→水道水には消どくに使った薬品などがとけているため、くんでからしばらく置いておいた水を使います。

24ページ 基本のワーク

❶ (1)㋐1　㋑3　㋒2　㋓4

(2)①受精　②目　③たまご　④養分

まとめ　①精子　②受精卵　③養分

25ページ 練習のワーク

❶ (1)①たまご　②精子　③受精　④受精卵

(2)①㋒　②㋓　③㋑　④㋐

(3)㋓→㋐→㋒→㋑　(4)たまご(の中)

❷ (1)ウ　(2)養分　(3)②に◯

てびき ❶ (2)(3)直径約1mmの受精卵の中にふくらんだ部分ができてきて(㋓)、しばらくすると、体の形がわかるようになってきます(㋐)。その後、目ができて体の形がはっきりしてきます(㋒)。そして、たまごの中でさかんに動くようになって(㋑)、しばらくすると、たまごのまくを破って、子メダカがかえります。

(4)子メダカは、たまごの中にたくわえられた養分で育ち、メダカらしい形に変化していきます。

❷ 受精してから子メダカがかえるまでは11日くらいかかります。かえった子メダカのはらには大きなふくらみがあり、中に養分が入っています。子メダカはこの養分で育つため、はらのふくらみは、しだいに小さくなります。

26ページ 基本のワーク

❶ (1)①「当たらない」に◯

(2)②反しゃ鏡　③ステージ(のせ台)

④調節ねじ

❷ ①接眼レンズ　②対物レンズ

③ステージ(のせ台)

まとめ　①明るい　②ステージ

27ページ 練習のワーク

1 (1)㋐そう眼実体けんび鏡
㋑かいぼうけんび鏡
(2)イ　(3)調節ねじ
(4)かいぼうけんび鏡

2 (1)㋐接眼レンズ　㋑ステージ(のせ台)
㋒調節ねじ　㋓レボルバー
㋔対物レンズ　㋕反しゃ鏡
(2)40倍　(3)イ→ウ→ア→エ
(4)イ　(5)[い]

てびき 1 (2)けんび鏡を日光が直接当たるところで使うと、反しゃ鏡の向きによっては、強い光が目に入って、目をいためることがあり、きけんです。けんび鏡は直接日光の当たらないところで使いましょう。

2 (2)けんび鏡の倍率は、「接眼レンズの倍率×対物レンズの倍率」で計算するので、
10×4＝40(倍)　です。

(3)けんび鏡を使うときは、見ている部分を明るくする→プレパラートをのせる→ピントを合わせる、という順で行います。ピントを合わせるときは、近づけておいた対物レンズとプレパラートの間をはなしていき、はっきり見えるところで止めます。

(5)けんび鏡で見ると、観察するものは上下左右が逆に見えます。よって、観察するものを下に動かしたいときは、プレパラートを上に動かします。

28・29ページ まとめのテスト

1 (1)せびれ　(2)しりびれ
(3)[あ]に[く]、[い]に[き]、[う]に[け]、[え]に[か]　のひれをかく。

2 (1)日光が直接当たらない、明るいところ。
(2)1つの水そうで飼う。
(3)イ　(4)ア　(5)精子　(6)受精
(7)受精卵

3 (1)㋑→㋒→㋐　(2)たまご(の中)
(3)養分
(4)はらのふくらみにある養分で育つから。
(5)小さくなる。

4 (1)ウ→イ→ア→エ
(2)②に○
(3)そう眼実体けんび鏡
(4)㋐接眼レンズ　㋑対物レンズ

丸つけのポイント

3 (4)「はらのふくらみに養分がある」こと、それを使って子メダカが「成長する」「育つ」「えさのかわりにする」ということが書かれていれば正解です。

てびき 1 (1)(2)メダカに限らず、魚のせ側についているひれをせびれ、はら側についているおに近い方のひれをしりびれといいます。

(3)メダカのおすとめすは、せびれとしりびれの形で見分けます。おすのせびれには切れこみがあり、しりびれは平行四辺形に近い形をしています。めすのせびれには切れこみがなく、しりびれの後ろが短くなっています。

2 (1)〜(3)水そうは日光が直接当たらない、明るいところに置きます。また、たまごを産ませるためには、おすとめすを1つの水そうで飼い、水温を25℃くらいにします。

(4)メダカは水草にたまごを産みつけるので、観察するときは水草ごとペトリ皿に移します。

3 (1)メダカの受精卵にふくらんだ部分ができ(㋑)、しだいにメダカらしい形になっていき(㋒→㋐)、やがて子メダカがかえります(㋓)。

(2)(3)たまごの中の子メダカは、たまごの中にたくわえられた養分を使って育ちます。たまごからかえったばかりの子メダカのはらにあるふくらみは、この養分の残りです。

(4)(5)たまごからかえった子メダカは、自分でえさがとれるようになるまでの数日間、はらのふくらみにある養分を使って育ちます。そのため、日がたつにつれて、はらのふくらみは小さくなっていきます。

4 かいぼうけんび鏡やそう眼実体けんび鏡を使うと、虫めがねよりも大きくものを見ることができます。観察するものをステージにのせて、調節ねじではっきり見えるように調節して使います。かいぼうけんび鏡を日光が直接当たるところで使うと、反しゃ鏡の向きによっては、太陽からの強い光が目に入ってしまいます。けんび鏡は日光が直接当たらないところで使いましょう。

台風の接近

30ページ 基本のワーク

1 (1)①南　②北
(2)③夏　④秋

2 ①大雨　②強風　③強風　④大雨

まとめ　①南　②北　③大雨

31ページ 練習のワーク

1 (1)㋐
(2)雨…強くなる。　風…強くなる。
(3)イ　(4)①南　②北　(5)イ
(6)①×　②×　③○　④×
(7)気象衛星の雲画像、アメダスのこう雨情報などから１つ

てびき 1 (1)雲画像で見える、白い大きなうずまきが台風の雲です。

(2)台風が近づくと、広い地いきで雨や風が強くなります。

(3)～(5)台風は、日本のはるか南の海の上で発生して、北の方へ動き、夏から秋にかけて、しばしば日本に近づきます。

(6)台風はひ害をもたらすことがありますが、めぐみになることもあります。台風による大雨によって、水不足が解消されることがあります。

わかる! 理科　台風は、日本の南の方の熱帯地方とよばれる地いきのあたたかい海の上で発生します。そして、夏から秋にかけて日本付近にやってきます。
台風では、最大の風速(ふうそく)(風の速さ)が秒速17.2m以上になっています。これは、1秒の間に17.2mも進む速さです。

32・33ページ まとめのテスト

1 (1)ウ　(2)①に○
(3)強くなることが多い。
(4)②に○　(5)①㋒　②南

2 (1)①夏　②秋
(2)インターネット、ラジオ、新聞などから１つ
(3)ア　(4)強くなる。

3 (1)㋐雨　㋑風　(2)①に○

てびき 1 (2)台風はおよそ南から北へ向かって動きます。日本付近に近づいた台風は、北東の方向に動くことが多いです。

(4)雲画像から、大阪付近に台風の雲がかかっているのは９月４日の午後３時であることがわかります。このとき、大阪では風や雨が強くなっていると考えられます。

(5)９月ごろに日本の南の方で発生した台風は日本付近を通ることが多くなります。㋐は７月、㋑は８月、㋒は９月、㋓は１０月の台風の主な動き方を表しています。

2 (1)(2)台風は、夏から秋にかけて日本付近に近づきます。台風の情報はテレビやインターネット、ラジオ、新聞などで知ることができます。正しい情報を知り、十分に注意しましょう。

(3)こう雨情報から、札幌では雨がふっていないことがわかります。

(4)台風が近づくにつれて、風はしだいに強くなっていきます。

3 (2)水不足の解消のように、台風はひ害ばかりでなく、めぐみをもたらすこともあります。

4 実や種子のでき方

34ページ 基本のワーク

1 (1)①めばな　②おばな
(2)㋐花びら　㋑めしべ
㋒がく　㋓おしべ

2 (1)㋐おしべ　㋑めしべ　㋒がく
(2)①めしべ

まとめ　①めばな　②おばな　③花

35ページ 練習のワーク

1 (1)①名前…めばな　記号…㋐
②名前…おばな　記号…㋑
(2)[あ]花びら　[い]めしべ　[う]おしべ
(3)②、③に○

2 (1)アサガオ　(2)がく　(3)おしべ
(4)１本　(5)㋑

てびき 1 ヘチマの花は、おばなとめばなに分かれています。おばなにはめしべがありません。また、めばなにはおしべがありません。やがて、めばなのめしべのもとがふくらんで実になります。おばなには実はなりません。

[2] (2)花びらの外側にはがくがあります。
　(3)(4)アサガオでは、1つの花におしべとめしべがそろっています。アサガオには、1つの花にめしべが1本、おしべが5本あります。
　(5)めしべのもとがふくらんで、実になります。

36ページ　基本のワーク

[1] (1)㋐めしべ　㋑おしべ　㋒おしべ
　㋓めしべ
(2)①花粉　②ねばねば(べとべと)

[2] (1)㋐スライドガラス　㋑カバーガラス
(2)①ヘチマ　②アサガオ

まとめ　①おしべ　②めしべ

37ページ　練習のワーク

[1] (1)㋑、㋓　(2)イ　(3)ア

[2] (1)花粉
(2)㋐スライドガラス　㋑カバーガラス
(3)[あ]

てびき [1] (1)(2)おしべの先には、粉のようなもの(花粉)がたくさんついています。めしべの先はねばねばしていて、おしべの先にある粉のようなものがつきやすいようになっています。
　(3)見るものを動かせるときは、虫めがねを目に近づけて持ち、見るものを動かします。見るものを動かせないときは、虫めがねを動かします。

[2] (1)おしべの先には花粉がついています。
　(2)スライドガラスとカバーガラスを使って、プレパラートを作ります。
　(3)[い]はアサガオの花粉です。

38・39ページ　まとめのテスト1

[1] (1)㋐めしべ　㋑おしべ　㋒がく
(2)ねばねばしている。
(3)花粉　(4)イ

[2] (1)㋐おばな　㋑めばな
(2)[あ]おしべ　[い]がく　[う]花びら
　[え]めしべ
(3)おしべ…イ　めしべ…ア

[3] ①△　②○　③×　④○　⑤△　⑥×
⑦◎　⑧◎

[4] (1)ウ　(2)スライドガラス
(3)カバーガラス
(4)日光が直接当たらない、明るい場所
(5)[い]　(6)倍率の高いもの(にかえる。)
(7)レボルバー

丸つけのポイント

[1] (2)めしべの先にさわると、くっつくような感じがします。ねばねば、べたべたなど、意味が同じであれば正解です。

[4] (4)「直しゃ日光が当たらない明るいところ」など、太陽の光(日光)が直接当たらず、明るい場所ということが書かれていれば正解です。

てびき [1] アサガオの1つの花には、めしべ、おしべ、花びら、がくがそろっています。めしべの先はねばねばしていて、おしべの先には花粉がたくさんついています。やがて、めしべのもとがふくらんで実になります。

[2] (1)(2)めしべがあるのがめばなで、おしべがあるのがおばなです。めしべはもとの部分がふくらんでいます。花びらとがくは、めばなにもおばなにもあります。

[3] アサガオは1つの花におしべとめしべがあり、ヘチマはめしべのあるめばなと、おしべのあるおばなに分かれています。

[4] (1)花粉はおしべの先についています。
　(6)(7)倍率を高くしたいときは、レボルバーを回して高倍率の対物レンズにかえます。

40ページ　基本のワーク

[1] (1)①花粉
(2)②受粉　③おしべ
(3)④と⑥、⑤と⑦を結ぶ。
(4)⑧受粉

まとめ　①実　②種子

41ページ　練習のワーク

[1] (1)めばな　(2)受粉　(3)めしべ
(4)受粉　(5)㋑　(6)実　(7)種子
(8)受粉すること。

[2] (1)めばな　(2)花がさいた後(のようす)
(3)こん虫

てびき [1] (1)実ができるのは、めばなです。
　(2)花がさいた後、こん虫などによって自然に

受粉してしまった花では、結果を正しく調べることができません。このため、この実験には、まださいていない、めばなのつぼみを使います。また、めばなのつぼみをよく見て、次の日にさきそうなものを選びます。

(3)おしべの先にある花粉をめしべの先につけます。

(5)～(8)受粉しなかっためばなには、実ができません。受粉すると、めしべのもとが成長して実ができて、実の中には種子ができます。

2 (1)アサガオやヒマワリの花とちがって、ヘチマのめしべやおしべは、1つの花にはついていません。めばなにはめしべだけが、おばなにはおしべだけがついています。

(2)つぼみのときのめしべの先(㋑)には、花粉がついていません。花がさいた後、おしべの花粉が運ばれてきて、めしべの先につきます(㋐)。

(3)自然の状態では、ヘチマの花粉は、主にこん虫によって運ばれます。

わかる! 理科 メダカのたまごと精子が結びつくことを、受精といいます。植物のおしべでつくられた花粉がめしべの先につくことを、受粉といいます。まちがえないようにしましょう。

42ページ 基本のワーク

1 ①受粉　②花粉
③めしべ　④種子

2 ①こん虫　②風　③こん虫　④風

まとめ ①めしべ　②おしべ
③受粉　④風

43ページ 練習のワーク

1 (1)おしべ　(2)ウ　(3)ア

2 (1)イ　(2)㋑　(3)実　(4)種子
(5)受粉すること。

てびき 1 アサガオは、1つの花におしべとめしべがあり、花がさく直前に花の中でおしべの先がめしべの先にふれて受粉します。そのため、つぼみのうちにおしべをすべて取りのぞき、自然に受粉しないようにします。

2 (1)花がさいた後に、こん虫などによって、ほかの花の花粉で受粉するのを防ぎます。

(2)～(5)受粉すると、めしべのもとがふくらんで実になり、その中に種子ができます。受粉しなかった花では、実ができません。

44・45ページ まとめのテスト2

1 (1)ア
(2)自然に受粉することを防ぐため。
(3)イ　(4)㋐　(5)受粉すること。
(6)種子　(7)(実にならずに)落ちる。

2 (1)自然に受粉することを防ぐため。
(2)①に○　(3)㋐ア　㋑イ
(4)めしべ(のもとの部分)　(5)ウ

3 (1)受粉
(2)トウモロコシ…イ　ヒマワリ…ア
ヘチマ…ア

丸つけのポイント

1 (2)この実験で調べる条件は、受粉するか、しないかなので、㋑が受粉すると結果を比べることができません。「受粉させない」という内容が書かれていれば正解です。

(7)実ができるのはめばなだけで、おばなには実ができません。また、おばなはさいた後しばらくすると落ちてしまいます。おばなは実ができずに落ちてしまうことが書かれていれば正解です。

てびき 1 (1)花がさいた後、こん虫などによって自然に受粉してしまった花では、結果を正しく調べることができません。このため、この実験には、まださいていない、めばなのつぼみを使います。また、めばなのつぼみをよく見て、次の日にさきそうなものを選びます。

(2)ふくろは、花がさいたときに、こん虫などによって花粉が運ばれ、めしべの先につく(受粉する)ことを防いでいます。

(3)花粉のはたらきを調べる実験なので、めしべに花粉をつけるかどうか以外の条件はすべてそろえて実験します。そのため、花粉をつけためばなも、再びふくろをかぶせます。

(4)～(7)実ができるのは、めしべの先に花粉をつけた㋐の花です。実の中には種子ができます。ヘチマのおばなは、朝さいて、1日で落ちてしまいます。受粉しなかっためばなは、実ができず、やがてかれて落ちてしまいます。

2 (1)アサガオは、花がさく直前に花の中でおしべがめしべの先にふれて受粉することがあるので、花がさいてからおしべを取りのぞいても、めしべはすでに受粉しています。そこで、つぼみのうちにおしべを取りのぞいておくと、自然に受粉するのを防ぐことができます。おしべを取りのぞいた後、そのままにしておくと、こん虫などによってほかのアサガオの花粉がめしべにつき、受粉してしまいます。おしべを取りのぞいたアサガオのつぼみにふくろをかぶせておくことによって、受粉を防ぐことができます。

(3)～(5)①の花は、おしべをすべて取りのぞき、ふくろをかぶせておいたので、めしべは受粉していません。受粉が行われていない花には実ができません。植物が実をつけるためには、受粉することが必要です。

3 花粉が風で運ばれる花は、こん虫を引き寄せる必要がありません。このため、トウモロコシやススキのように目立たない花が多く、花粉も小さく、風に飛ばされやすくなっています。一方、こん虫によって花粉が運ばれる花には、アサガオやヘチマのように目立つ色の花びらやみつを持つものが多いです。植物は、受粉によって種子をつくり、子孫を残すために、このようにいろいろなつくりやしくみをもつようになったと考えることができます。

5 雲と天気の変化

```
🔖 46ページ   基本のワーク
❶ (1)①「3」に◯  ②「9」に◯
   (2)③晴れ  ④くもり
❷ ①「くもり」に◯  ②「晴れ」に◯
   ③「時間がたつと変わる」に◯
まとめ   ①雲  ②天気
🔖 47ページ   練習のワーク
❶ (1)雲(の量)  (2)ウ  (3)ア  (4)イ
❷ (1)①イ  ②ア  ③ウ
   (2)①ウ  ②ア  ③イ
```

てびき ❶ (1)(2)雨がふっていないとき、晴れとくもりの天気は、目で見た空全体の広さを10としたときの雲の量によって決めます。雲の量が0～8のときは晴れ、9、10のときはくも

りです。

(3)天気がくもりから晴れに変わっていることから、雲の量が減ったことがわかります。

(4)天気の変化は雲の量や動きに関係があります。雲のようすは1日の中でも変わり、雲のようすが変わると、天気も変わることがあります。

2 (1)②のように高く広がる雲は、短時間に多量の雨をふらせることがあります。③のようにはい色や黒色の厚い雲は、長い時間弱い雨をふらせることが多いです。雲には、雨をふらせる雲とふらせない雲があります。

(2)雲は、大まかな形から、ア、イ、ウをふくむ10種類に分けられています。

```
🔖 48ページ   基本のワーク
❶ (1)①雲  ②晴れ
   (2)③「雨の量」に◯
❷ (1)①「西から東」に◯
   (2)②晴れ
まとめ   ①西  ②東  ③西
🔖 49ページ   練習のワーク
❶ (1)①西  ②東  ③西  ④東
   (2)イ  (3)ウ  (4)ア  (5)晴れ
```

てびき ❶ (1)天気は雲のようすによって変わるので、雲がおよそ西から東へ動くのにともない、天気も西から東へと変わっていきます。

(2)空全体を10としたとき、雲の量が9以上になると、くもりになります。雲の中には雨をふらせるものもあります。

(3)雲画像から、東京では9月30日から10月1日にかけて雲が多くなり、2日は雲が少なくなっていることがわかります。このことから、天気は、晴れまたはくもり→くもりまたは雨→晴れまたはくもりと変化したと考えられます。

(4)10月1日に大阪に雨をふらせていた雲は東へ動き、3日には大阪をおおう雲がなくなる、つまり、晴れになると予想できます。

(5)夕焼けは、太陽がしずむ西の空に雲がないときに見られます。天気は西から東へ変わることが多いので、夕焼けの次の日は雲のない、晴れになることが多くなります。

わかる！理科　日本付近の上空には、１年中西から東に向かって偏西風（へんせいふう）とよばれる強い風がふいています。そのため、雲は西から東へと動いていくことが多いのです。地いきにもよりますが、春と秋は特にこの偏西風のえいきょうを受けて、西から東へ天気が変化し、晴れの日と雨の日をくり返すことが多くなります。

50・51ページ　まとめのテスト

[1] (1)雲の量　(2)エ　(3)雨　(4)晴れ　(5)ア　(6)ある。

[2] (1)①イ　②ア　③エ　(2)①　(3)イ

[3] (1)くもり　(2)アメダス　(3)晴れ

[4] (1)雲　(2)㋐　(3)㋑　(4)㋑　(5)西から東へ変わっていく。

丸つけのポイント

[4] (5)雲や天気が移っていくとき、方位で「西から東へ」と表します。「西から東へ移っていく」「西の方位から東の方位へ動く」など、２つの方位が正しく書かれていれば正解です。

てびき [1] (1)〜(4)空全体の広さを10としたときの雲の量が０〜８のときを晴れ、９、10のときをくもりとします。雨がふっているときの天気は、雲の量に関係なく雨とします。

(6)雲の量や色、形など、雲のようすが変わると天気が変わることがあります。

[2] (1)積乱雲は、入道雲ともよばれる雲で、高く広がる雲です。

(3)雲があるといつも雨がふるわけではありません。②、③の雲は雨をふらせない雲です。

[3] (1)雲画像より、東京付近は雲でおおわれていることがわかります。また、アメダスのこう雨情報より、東京には雨がふっていないことがわかります。

(3)雲は西から東へ移動するので、大阪に雨をふらせている雲のかたまりが、次の日、大阪から東へ動いていくと考えられます。

[4] (2)雲は西から東へ移動するので、雲のかたまりが西にある㋐が10月５日の雲画像です。

(3)㋒から、西日本で雨がふっていることがわかります。雲画像で西日本を雲がおおっているのは㋑です。

(4)㋓では、名古屋は雨です。雲画像で名古屋が雲でおおわれているのは㋑です。

(5)日本付近では、雲がおよそ西から東へ動くのにともない、天気もおよそ西から東へ変わっていきます。

6　流れる水のはたらき

52ページ　基本のワーク

[1] (1)①「大きい」に◯
②「小さい」に◯
(2)③せまい　④広い
⑤速い　⑥ゆるやか
⑦大きな石　⑧小さな石

まとめ　①せまく　②速い　③大きい

53ページ　練習のワーク

[1] (1)㋒　(2)㋐　(3)㋐
(4)㋒　(5)③に○　(6)ウ

[2] (1)㋑
(2)①小さく　②㋐
③小さな　④広

てびき [1] 川の流れは、土地のかたむきによって速くなったり、ゆるやかになったりします。山の中では土地のかたむきが大きいため流れが速く、平地では土地のかたむきが小さいため、川の流れがゆるやかになっています。また、川はばは、山の中ではせまく、平地では広くなっています。

[2] 大きく角ばった石は山の中を流れる川で見られます。小さく丸みをおびた石は、平地をゆるやかに流れる川の川原などで見られます。

54ページ　基本のワーク

[1] ①「大きい」に◯
②「けずられる」に◯

[2] (1)①[い]に◯　②[え]に◯
(2)③しん食　④運ぱん　⑤たい積

まとめ　①たい積　②速い　③大きく

55ページ　練習のワーク

[1] (1)㋐
(2)(土が)けずられる。

⑶(土が)積もる。

[2] ⑴③に○

⑵2つ(のとき)

⑶土

⑷2つ(のとき)

[3] ⑴①しん食　②運ぱん　③たい積

⑵しん食、運ぱん

⑶たい積

[てびき] [1] 土でつくった山に水を流す実験を行うと、地面のかたむきが大きい場所では水の流れが速く、地面のかたむきが小さい場所では水の流れがゆるやかであることがわかります。また、水によってけずられたり運ばれたりした土は、かたむきが小さく、水の流れがゆるやかなところに積もります。

[2] せんじょうびん1つのときと2つのときを比べると、水の量と流れる水のはたらきの関係がわかります。せんじょうびん2つで水を流すと、1つのときよりも水の流れが速くなり、より多くの土をけずって流します。

[3] 流れる水が地面をけずるはたらきをしん食、けずった土や石を運ぶはたらきを運ぱんといい、それぞれ水の流れが速いほどはたらきは大きくなります。また、流された土や石を積もらせるはたらきをたい積といい、流れのゆるやかなところではたらきが大きくなります。

56・57ページ　まとめのテスト①

[1] ⑴㋐　⑵㋒

⑶㋐　⑷㋑　⑸㋑

[2] ⑴㋐　⑵㋐　⑶しん食　⑷②に○

⑸運ぱん　⑹㋐

⑺速くなる。　⑻ア

[3] ⑴そろえる条件…水の量

調べる条件…地面のかたむき

⑵[い]　⑶[い]　⑷[い]

⑸たい積　⑹①に○

⑺そろえる条件…地面のかたむき

調べる条件…水の量

⑻イ　⑼[え]　⑽④に○

[てびき] [1] 川は土地のかたむきによって流れが速くなったり、ゆるやかになったりします。山の中では土地のかたむきが大きいため流れが速くなります。平地では土地のかたむきが小さいため、川の流れはゆるやかになります。川はばは、山の中ではせまく、平地では広くなっています。広い川原が見られるのは平地です。

[2] 土山に水を流す実験では、地面のかたむきの大きなところは水の流れが速く、地面のかたむきの小さなところは水の流れがゆるやかであることがわかります。また、流す水の量が多くなると、水の流れが速くなり、水がにごり、土をけずったり運んだりするはたらきは大きくなります。

[3] ⑴～⑷⑹実験そう置のかたむきを変えて流れる水のはたらきを比べると、地面のかたむきと流れる水のはたらきの大きさとの関係がわかります。実験そう置のかたむきが大きいときは、かたむきが小さいときよりも水の流れが速くなり、より多くの土をけずって流します。また、水がたまるところは水の流れがゆるやかになり、運ばれてきた土が積もります。

⑺～⑽せんじょうびん1つのときと2つのときを比べると水の量と流れる水のはたらきの大きさとの関係がわかります。せんじょうびん2つで水を流すと、1つのときよりも水の流れが速くなり、より多くの土をけずって流すため、1つのときよりも水はにごります。

58ページ　基本のワーク

[1] ⑴①「上流」に◯

②「下流」に◯

⑵③「丸く」に◯

④「小さく」に◯

[2] ①角　②小さく

まとめ　①丸み　②小さく

59ページ　練習のワーク

[1] ⑴①角ばった形　②丸みをおびた形

③大きい　④小さい

⑵②に○

[2] ⑴ウ　⑵イ

[てびき] [1] ⑴上流(山の中)の川原で見られる石は大きくて、ごつごつしていますが、下流(平地)の川原で見られる石は小さくて丸みをおびています。

(2)上流の大きくて角ばっている石は、川の水の流れのはたらき(運ぱん)によって流されるうちに、石どうしがぶつかり合い、われたり、角がけずられたりして、だんだん小さく、丸くなっていきます。

2 この実験では、大きくて角ばっている石が、川の水に運ばれるうちに、石どうしがぶつかり合い、角がけずられて、だんだん小さく、丸くなっていくことを調べています。同じようなことは、石が運ぱんされると中で、石どうしがぶつかり合うことで起こります。流れる水が直接石をけずるわけではないので、しん食とまちがえないようにしましょう。

60ページ **基本のワーク**

1 (1)①「速い」に○
②「ゆるやか」に○
③「小さく」に○
(2)④がけ ⑤川原

2 ①深い ②浅い

まとめ ①外側 ②内側

61ページ **練習のワーク**

1 (1)ア
(2)たい積
(3)川原(が広がっている。)
(4)しん食
(5)がけ(になっている。)
(6)イ
(7)②に○

2 (1)㋐
(2)川が深くなっているから。
(3)㋐
(4)㋐
(5)しん食

丸つけのポイント

2 (2)川が曲がっているところの流れの速さは、外側で速く、内側ではゆるやかです。このため外側の川の底は、より深くしん食されます。「(㋐の方が)水の深さが深くなっている」「川の底の方がしん食されやすい」など、外側が深いこと、しん食のはたらきが外側で大きいことが書かれていれば正解です。

てびき 1 川が曲がって流れている場所では、外側で流れが速いので、しん食されてがけになり、川が深くなります。一方、内側では流れがゆるやかなため、すなや小石がたい積し、川は浅くなり、川岸は川原になっています。川原で見られる石は、山の中で見られる石より小さく、丸みをおびています。

2 (1)~(3)川が曲がって流れている場所では、外側では流れが速くなっているので、川岸はしん食されてがけになり、川は深くなります。内側では流れがゆるやかになっているため、すなや小石がたい積し、川は浅くなり川岸は川原になります。

(4)(5)川が曲がって流れているところでは、外側で流れが速くなっています。このため、外側の川岸へのしん食のはたらきが大きいので、外側の川岸にブロックを置いたり、コンクリートによる護岸(ごがん)などが行われたりします。

62・63ページ **まとめのテスト2**

1 (1)ウ (2)イ
(3)運ぱん

2 (1)㋑ (2)小さくなった。
(3)丸みをおびた。

3 (1)最も速いところ…㋒
最もゆるやかなところ…㋐
(2)Ⓘ (3)②に○ (4)②に○ (5)㋐
(6)③に○ (7)①に○ (8)③に○
(9)ウ (10)いえる。

丸つけのポイント

2 (3)「角がけずれた」「丸くなった」など、立方体のスポンジの角がとれて、丸みをおびているようすがわかることが書かれていれば正解です。

てびき 1 平地や海の近くの川原で見られる石は、山の中の大きく角ばった石が、流れる水のはたらきで運ばれるときにぶつかり合ってわれたり、けずられたりしてできたものです。このため、山の中では大きく角ばった石が見られ、海に近づくほど、小さく丸みをおびた石が見られます。

2 容器を50回ふるごとに取り出しているので、㋐は50回、㋑は100回、㋒は150回ふった後のものです。この実験では、ふる回数が多く

なるほど立方体のスポンジの角がとれて、丸み
をおびるとともに小さくなっていくようすが見
られます。このことから、大きく角ばった石が、
川の水に流されるうちに、石どうしがぶつかり
合い、角がけずられて、だんだん小さく、丸く
なっていくことがわかります。

3 (1)～(7)川が曲がって流れているところでは、
外側で流れが速いので、しん食されてがけにな
り、川底が深くなります。内側では流れがゆる
やかなため、すなや小石がたい積し、川は浅く
なり、川岸は川原になります。

(8)川原の石は、山の中の大きく角ばった石が
流れる水のはたらきで運ばれるときに、ぶつか
り合ってわれたり、角がけずられたりしてでき
たものです。このため、海に近づくほど、小さ
くなり丸みをおびた形になります。

(9)(10)川の流れは、まっすぐに流れている川で
は中ほどが、曲がって流れている川では外側が
速くなっています。このため、流れの速いとこ
ろの川の底は、しん食によってけずられ、水の
深さが深くなっています。このことから、川の
底のかた方が強くしん食されて深くなっている
アとウは曲がって流れている川のようすで、深
くなっている方が外側であると考えられます。

川と災害

64ページ **基本のワーク**

1 ①橋　②川岸　③雪

2 ①ていぼう　②ブロック　③さ防ダム

まとめ　①大きく　②災害

65ページ **練習のワーク**

1 (1)①に○

(2)大きくなる。

(3)②に○

2 (1)ア　　(2)イ

(3)ウ　　(4)ア

(5)イ　　(6)ウ

てびき **1** 川の水が増えると水が流れる速さは
速くなり、そのはたらきも大きくなります。こ
のため、上流からとても多くの土や石を下流へ
とおし流します。下流では、川の水が増えて、
川の水があふれてていぼうをのりこえたり、川

のまわりの平地に大量の土をたい積させたりし
ます。コンクリートのていぼう、さ防ダム、ブ
ロックなどのくふうでは、防ぐ力に限りがあり、
大雨、雪どけ水などによって災害が起こること
があります。

2 (1)(2)(5)(6)ていぼうは川岸を守るために、川岸
をコンクリートでかためるなどしたもので、川
岸がしん食されるのを防ぐはたらきがあります。
また、川岸にていぼうがつくられ、さらにてい
ぼうを守るブロックが置かれるなどのくふうが
されていて、大雨のときに川岸がしん食された
り、川の水があふれ出したりすることを防いで
います。

(3)(4)しん食された石や土が一度に流されるこ
とを防ぐためのくふうです。

7　電流と電磁石

66ページ **基本のワーク**

1 (1)①コイル

(2)②「金属」に○

2 (1)①「引きつけられる」に○

(2)②「引きつけられない」に○

まとめ　①コイル　②鉄

67ページ **練習のワーク**

1 (1)コイル

(2)③に○

(3)鉄

2 (1)電磁石

(2)イ

(3)引きつけられる。

(4)引きつけられない。

(5)(コイルに)電流が流れているとき。

てびき **1** (1)ビニル導線(エナメル線)を同じ向
きに何回もまいたものをコイルといいます。

(2)ビニル導線もエナメル線も、金属の線の表
面を電流が流れないものでおおったつくりにな
っています。このようになっていないと、導線
どうしがふれ合っているところに電流が流れて
しまうので、導線として役に立ちません。ビニ
ル導線やエナメル線を導線として使って回路を
つくり、かん電池や豆電球につないで電流を流
すためには、ビニル導線の場合は両方のはしの

ビニルをむいて、金属を出します。また、エナメル線の場合は、両方のはしのひまくを紙やすりなどではがしてから使います。

(3)導線を同じ向きに何回もまいたものをコイルといいます。コイルに鉄のしんを入れて電流を流すと、電流を流したときだけ、鉄のしんは磁石になります。このような磁石を電磁石といいます。

2 (2)～(4)電磁石は、コイルに電流を流したときだけ磁石の性質をもつようになって、鉄を引きつけます。かん電池をつないでいないときやスイッチを切っているときは、電流が流れないので磁石になりません。

(5)かん電池につないでスイッチを入れたときは、コイルに電流が流れるので、電磁石は鉄を引きつけるようになります。そのため、鉄のクリップが引きつけられます。

68ページ 基本のワーク

1 (1)①はり

(2)②S極

2 (1)①向き

(2)②N ③S

まとめ ①N ②電流 ③極

69ページ 練習のワーク

1 (1)ある。

(2)㋐S極 ㋑N極

(3)

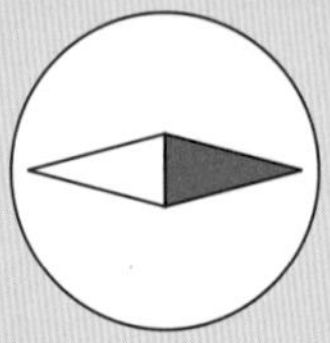

(4)③、④に○

(5)イ

(6)㋒N極 ㋓S極

(7)N極とS極が変わること。

(N極とS極が反対(逆)になること。)

てびき **1** (1)電磁石に電流を流すと、磁石になります。このとき、㋐に方位磁針のN極が引きつけられたことから、電磁石にはN極とS極があることがわかります。

(2)㋐に方位磁針のN極が引きつけられていることから、㋐がS極になっていることがわかります。このとき、㋑はN極になっています。

(3)㋑はN極なので、㋑には方位磁針のS極が引きつけられます。そのため、方位磁針のS極が左を、N極が右を指す向きで止まります。

(4)(5)かん電池の向きと電磁石の性質の関係を調べたいので、かん電池の向き以外の条件をそろえます。かん電池の向きを変えると、電流の向きも変わるので、①と②が調べる(変える)条件となります。

(6)電流の流れる向きを変えると、電磁石の極のでき方が変わります(㋒がN極、㋓がS極)。

わかる! 理科 電磁石のN極とS極の向きは、コイルに流れる電流の向きとコイルのまき方によって決まっています。くわしくは、中学校で学習します。この単元では、ほかの条件はすべてそろえて電流の向きだけを逆にすると、N極とS極のでき方が逆になるということを理解しましょう。

70・71ページ まとめのテスト❶

1 (1)コイル (2)エナメル線

(3)電流 (4)電磁石

2 (1)ア (2)なっている。 (3)イ

(4)電磁石に引きつけられる。

(5)電流を流したときだけ磁石になる性質。

3 (1)ア (2)ある。

4 (1)[あ]S極 [い]N極

(2)イ

(3)[う]N極 [え]S極

(4)

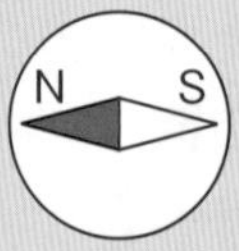

(5)電流の流れる向きを変える。

丸つけのポイント

2 (5)鉄を引きつけることは磁石の性質です。電磁石は、電流を流したときだけこの性質をもつので、「電流を流したときだけ鉄を引きつける性質をもつ」「電流を流したときに磁石になる」などが書かれていれば正解です。

4 (5)かん電池のつなぎ方を変えて電流の向きが変わると、電磁石の極のでき方も変わります。「電流の向きを逆にする」「かん電

池の向きを変える」などが書かれていれば
正解です。

てびき **1** (1)導線を同じ向きに何回もまいたも
のをコイルといい、コイルに鉄のしんを入れて
電流を流すと、鉄のしんは磁石になります。

(2)(3)導線を使って回路をつくり、かん電池や
豆電球につないで電流を流すためには、ビニル
導線の場合は両方のはしのビニルをむいて、金
属を出します。また、エナメル線の場合は、両
方のはしのひまくを紙やすりなどではがしてか
ら使います。

💡**わかる! 理科** エナメル線は金属を電流が流
れないひまくでおおったつくりになっていま
す。(昔は、ひまくの材料にエナメルという
とりょうが使われていましたが、今ではうす
いプラスチックのひまくが使われています。)
ビニル導線も同じように金属の表面を、電流
が流れないビニルでおおったつくりになって
います。このようになっていないと、導線ど
うしがふれ合っているところに電流が流れて
しまうので、導線として役に立ちません。そ
のままかん電池やスイッチ、電球などにつな
ぐと電流が流れないので、ビニルやひまくを
はがしてからつなぐようにします。

(4)導線を同じ向きに何回もまいたコイルに鉄
のしんを入れて電流を流すと、鉄のしんは磁石
になります。このような磁石を電磁石といいま
す。

2 (1)~(3)電磁石は、電流を流したときだけ磁石
の性質をもつようになって、鉄を引きつけます。
かん電池をつないでいないときやスイッチを切
っているときは、電流が流れず、電磁石は磁石
の性質をもっていないため、鉄のクリップは引
きつけられません。入れていたスイッチを切る
と、引きつけられていたクリップは全部落ちて
しまいます。

(4)電磁石に流れる電流の向きを変えると、電
磁石の極のでき方が変わり、N極とS極が逆に
なります。磁石のN極とS極が、どちらも鉄を
引きつけるように、電磁石のN極とS極も鉄を
引きつけます。このため、電流の向きに関係な
く、電磁石は電流が流れると磁石になって鉄を

引きつけます。

(5)電磁石は、電流を流したときだけ磁石の性
質をもつようになります。

3 (1)電磁石に電流を流していないときは、方位
磁針のはりがN極が北を指しています。電磁石
に電流を流すと、電磁石は磁石の性質をもつよ
うになるので、方位磁針のはりが電磁石に引き
つけられます。

(2)方位磁針は電磁石の極に対して、どちらか
の極を向けて止まります。これは磁石の同じ極
どうしはしりぞけ合い、ちがう極どうしは引き
つけ合う性質によるものです。電磁石は鉄を引
きつけるだけでなく、磁石と同じようにN極と
S極があることがわかります。方位磁針のはり
のN極、S極のどちら側が引きつけられるかは、
電磁石のどちらのはしにN極、S極ができるか
によって決まります。

4 (1)電磁石のボルトの頭⊛の左に置いた方位磁
針のN極が⊛に引きつけられています。磁石の
同じ極どうしはしりぞけ合い、ちがう極どうし
は引きつけ合うことから、⊛はS極になってい
ることがわかります。このとき、磁石と同じよ
うに、⊛の反対側〔電磁石のボルトの先(ナッ
ト側)〕◌はN極になっています。磁石と同じよ
うに、電磁石の両はしに、同じ極ができること
はありません。

(2)かん電池の向きを変えると、回路全体に流
れる電流の向きが変わり、電磁石のコイルに流
れる電流の向きも変わります。

(3)(4)コイルに流れる電流の向きが変わると、
電磁石のN極とS極も変わります。ですから、
◌のとき、電磁石のボルトの頭⊙がN極、電磁
石のボルトの先(ナット側)◌がS極となってい
ます。◌はS極なので、磁石の同じ極どうしは
しりぞけ合い、ちがう極どうしは引きつけ合う
ことから、◌には方位磁針のN極が引きつけら
れます。◌の右に置いた方位磁針は、N極が左
を、S極が右を指す向きで止まります。電磁石
のN極とS極のでき方は、電流の向きが変わる
と変わります。

(5)この実験では、かん電池の向きを変えてコ
イルに流れる電流の向きを変えたとき、電磁石
の極のでき方が変わり、N極とS極が変わりま
した。このため、電磁石のN極とS極を変えた

いときには、かん電池のつなぎ方を変えて、電流の向きを変えればよいことがわかります。

72ページ　基本のワーク

1 (1)①[い]　②[い]
(2)③大きく

2 (1)①「5A」に〇　②「5A」に〇
③「0.5A」に〇
(2)④向き　⑤大きさ
（④、⑤は順不同）

まとめ　①強く　②大きさ

73ページ　練習のワーク

1 (1)①、②、④に〇　(2)ア
(3)㋑　(4)㋑　(5)大きくする。

2 (1)検流計だけをかん電池につなぐこと。
(2)㋐
(3)2A　(4)ウ

丸つけのポイント

2 (1)「検流計」と「かん電池」という言葉を両方使って「検流計だけをかん電池につなぐ」という意味のことが書かれていれば正解です。

てびき **1** (1)電流の大きさ(かん電池の数)と電磁石の強さの関係を調べるときには、コイルのまき数や導線の長さなど、電流の大きさ(かん電池の数)以外の条件はすべてそろえ、電流の大きさだけを変えて調べます。

(2)かん電池2個をつないで使うとき、かん電池どうしをつなぐところが、ちがう極どうしとなるようなつなぎ方を直列つなぎといいます。

(3)㋐ではかん電池が1個、㋑ではかん電池2個の直列つなぎなので、コイルに流れる電流は㋑の方が大きくなります。

(4)かん電池のつなぎ方を㋐、㋑のように変えて、それ以外の条件をすべてそろえると、流れる電流が大きい㋑の方の電磁石に、クリップがより多く引きつけられます。

(5)電流を大きくするほど、電磁石の強さは強くなります。また、電磁石の強さが強くなるほど、鉄のクリップはたくさん引きつけられるようになります。

2 (1)検流計は、回路に流れる電流の大きさと向きを調べるときに使います。検流計、かん電池、電磁石、スイッチが1つの輪になるようにつなぎます。検流計だけをかん電池につなぐと、検流計がこわれるので、豆電球や電磁石などをつないだ回路につなぐようにします。

(2)電流の大きさをはかるときには、はじめに切りかえスイッチは大きな電流をはかることができる5Aにしておきます。0.5Aの方にしておくと、それ以上の大きな電流が流れたときに検流計がこわれることがあるからです。はりのふれが小さくてわかりにくいときは、0.5Aの方に切りかえます。

(3)切りかえスイッチを5Aの方に入れているので、上の目もりを読み取ります。図2では、はりが2のところにあるので、2Aとなります。

(4)かん電池をつなぐ向きを変えると、回路を流れる電流の向きが変わります。検流計ははりが中心からどちらの向きにふれるかによって、電流の向きを調べることができます。電流の大きさは変わらないので、はりが示す目もりの数字は変わりません。

74ページ　基本のワーク

1 (1)①[い]　②[い]
(2)③「多く」に〇

2 ①電磁石　②磁石

まとめ　①多く　②強く　③モーター

75ページ　練習のワーク

1 (1)④に〇
(2)ウ
(3)㋑
(4)多くする。

2 (1)㋐電磁石　㋑磁石
(2)電気自動車
(3)ア、ウ

てびき **1** (1)コイルのまき数と電磁石の強さの関係を調べるので、コイルのまき数だけを変えて、その他の条件はすべてそろえます。

(2)コイルのまき数を変えただけで、その他の条件はすべてそろえているので、回路を流れる電流の大きさは同じです。

(3)(4)コイルのまき数を多くすると、電磁石の強さは強くなるので、鉄のクリップをたくさん引きつけます。

[2] (1)モーターには、磁石と電磁石が使われています。電磁石に流れる電流の向きを切りかえるしくみがあり、電磁石にできる極を変えることによって、磁石と電磁石が引きつけ合ったり、しりぞけ合ったりする力がいつも同じ向きにはたらくようにして、回転する力に変えています。

(2)電気自動車は、車の中に電池があり、そこから電流が流れてモーターを回転させ、その回転によってタイヤが動きます。走っているときに二酸化炭素などを出さないので、かんきょうにやさしいといわれています。

(3)せん風機やせんたく機は、モーターの回転によってプロペラを回したり、せんたくそうを回転させたりしています。

わかる！理科 コイルのまき数と電磁石の強さの関係を調べるとき、まき数以外の条件はすべてそろえます。そのため、回路につないでいる導線全体の長さも同じにします。コイルにまかずに余った導線を切ってしまうと全体の導線の長さという条件が変わってしまうので、切らずに束ねておきます。

76・77ページ まとめのテスト②

[1] (1)向き、大きさ
(2)輪
(3)0.5A　(4)アンペア
(5)検流計だけをかん電池につなぐこと。

[2] (1)㋑　(2)㋑
(3)電流が大きいほど、電磁石の強さは強くなること。

[3] (1)㋑と㋒
(2)㋐と㋒

[4] (1)㋒　(2)㋓　(3)①㋕　②㋐
(4)コイルに流れる電流を大きくする。
コイルのまき数を多くする。

丸つけのポイント

[1] (5)「かん電池」という言葉を使って、「検流計だけをかん電池につなぐ」という意味のことが書かれていれば、正解です。

[2] (3)「電流が大きくなったとき、電磁石も強くなる」「電流が大きくなるほど、電磁石も強くなる」「電流が大きくなるにつれて、電磁石の強さも強くなる」など、電流の大きさと電磁石の強さの関係が正しく書かれていれば正解です。

[4] (4)電磁石の強さは電流の大きさとコイルのまき数で決まります。コイルに流れる「電流を大きく」と「コイルのまき数を多く（増やす）」ということが書かれていれば正解です。

てびき [1] (1)検流計を使うと、電流の大きさと向きを調べることができます。

(2)検流計を使うときは、検流計をつないだ回路が１つの輪になるようにつなぎます。

(3)検流計を使って、はじめに電流の大きさをはかるとき、切りかえスイッチを、大きな電流がはかれる方（5A）に入れてはかります。はりのふれが小さすぎて読み取れない場合には、切りかえスイッチを、小さな電流がはかれる方（0.5A）に切りかえてはかります。

(5)検流計だけをかん電池につなぐと、大きな電流が流れます。検流計は、はかることができる以上の電流を流したり、強いしょうげきをあたえるとこわれてしまいます。電流の大きさをはかるとき、はじめに切りかえスイッチを大きな電流がはかることができる方に切りかえておくのも、このような理由があるからです。

わかる！理科 検流計や電流計にも磁石とコイルが使われています。はりのじくにコイルが取りつけられていて、電流が流れるとコイルが磁石のはたらきをするようになり、コイルのまわりの磁石と極がちがうと引きつけ合う力を利用してはりを動かしています。モーターや豆電球は電気を使って回ったり光ったりしますが、検流計や電流計はほとんど電気を使わずに、とても小さな力ではりが動くしくみになっています。このため、大きい電流を流したり、強いしょうげきをあたえるとこわれてしまいます。

[2] (1)豆電球やモーターをかん電池につないだときと同じように、かん電池２個を直列つなぎにしたとき、１個のときより大きな電流が流れます。㋒のかん電池２個のへい列つなぎでは、電流の大きさはかん電池１個のときと同じです。

(2)電流の大きさと電磁石の強さの関係を調べるので、電流の大きさだけを変えて、コイルのまき数、導線の全体の長さなど、その他の条件はすべてそろえます。電流の大きさはかん電池のつなぎ方によって変えます。かん電池1個のとき(㋐)とかん電池2個のへい列つなぎ(㋒)は、電流の大きさは同じになり、かん電池2個を直列つなぎにしている㋑には、㋐、㋒より大きな電流が流れます。このため、㋑の回路には最も大きい電流が流れ、電磁石がクリップを引きつける強さも、㋑が最も強くなります。

(3)電磁石のクリップを引きつける強さは、㋑が最も強くなったことから、その他の条件が同じであれば、大きな電流が流れるほど、電磁石の強さは強くなることがわかります。

3 (1)電流の大きさと電磁石の強さの関係を調べるには、電流の大きさだけがちがい、コイルのまき数、導線の全体の長さなど、その他の条件はすべて同じになっているものを比べるとよいので、㋑と㋒を選びます。また、電流の大きさはかん電池のつなぎ方で変わる(かん電池1個のときより2個直列つなぎの方が電流が大きい)と考えます。

(2)コイルのまき数と電磁石の強さの関係を調べるには、コイルのまき数だけがちがい、かん電池のつなぎ方(電流の大きさ)、導線の全体の長さなど、その他の条件はすべて同じになっているものを比べるとよいので、㋐と㋒を選びます。

4 (1)㋐と㋒では、コイルのまき数だけがちがい、かん電池のつなぎ方(電流の大きさ)、導線の全体の長さなど、その他の条件はすべてそろっています。このとき、コイルのまき数が多いほど電磁石の強さは強くなるので、より強い電磁石になるのは、コイルを多くまいている電磁石です。コイルを50回まいている㋐より150回まいている㋒の方が強い電磁石になります。

(2)㋐と㋓では、かん電池の数(コイルに流れる電流の大きさ)だけがちがい、コイルのまき数、導線の全体の長さなど、その他の条件はすべてそろっています。このとき、電流が大きいほど電磁石の強さは強くなります。かん電池1個のときよりもかん電池を2個直列つなぎにした方が、より大きい電流が流れるので、㋓の方が強い電磁石になります。

(3)①電磁石につくクリップの数が最も多いということは、電磁石の強さが最も強いということです。そこで、コイルを流れる電流が最も大きく、コイルのまき数が最も多い電磁石を選びます。電流が最も大きいのは、かん電池2個を直列つなぎにしている㋓、㋔、㋕で、コイルのまき数が最も多いのは150回まいている㋒と㋕です。よって、電磁石の強さが強くなるための条件を両方とも満たしている㋕が最も強い電磁石となります。

②電磁石につくクリップの数が最も少ないということは、電磁石の強さが最も弱いということです。そこで、コイルを流れる電流が最も小さく、コイルのまき数が最も少ない電磁石を選びます。電流が最も小さいのは、かん電池1個をつないでいる㋐、㋑、㋒で、コイルのまき数が最も少ないのは50回まいている㋐と㋓です。よって、電磁石の強さが弱くなるための条件を両方とも満たしている㋐が、最も弱い電磁石です。

(4)㋐～㋕を比べる実験で、変えているのは電流の大きさとコイルのまき数で、電流の大きさを変えたときには電流の大きい方、コイルのまき数を変えたときにはコイルのまき数が多い方が強い電磁石になることがわかります。

8 もののとけ方

78ページ 基本のワーク

❶ (1)①「とう明で」に◯
(2)②水

❷ ①水平

まとめ ①水溶液 ②和

79ページ 練習のワーク

❶ (1)水溶液
(2)②、③に○

❷ (1)ア (2)㋐ (3)イ (4)54g
(5)5g (6)ウ

てびき ❶ (1)水にものをとかして、色があるかないかに関係なく、にごっていないとう明な液体になったとき、その液体を水溶液といいます。

(2)コーヒーシュガーの水溶液のように色がつ

いていても水溶液といいますが、でんぷんを入れた水や牛乳のように、とう明でないものは水溶液とはいいません。

❷ (1)電子てんびんや上皿てんびんは、しん動のあるところやかたむいたところで使うと、正しい重さがはかれません。しん動のあるところで使うとこわれることがあります。

(2)全体の重さをはかって比べているので、食塩をとかした後で重さをはかるときには、㋐のように、食塩をとかす前に電子てんびんの上にのっていたものすべてを、もう一度のせて重さをはかります。このため、食塩を置いていた薬包紙ものせて重さをはかる必要があります。㋑のようにすると、薬包紙の重さの分だけ軽くなってしまい、食塩をとかす前ととかした後の全体の重さを、正しく比べることができません。

(3)食塩をとかす前ととかした後で、全体の重さは変わりません。

(4)食塩をとかす前ととかした後で、全体の重さは変わらず、できた水溶液の重さは、水の重さと食塩の重さの和になります。

50＋4＝54(g)より、54gの水溶液ができます。

(5)とかした後の全体の重さが65gで、水の重さが60gなので、とかした食塩の重さは、水溶液の重さと、水の重さとの差になります。

65－60＝5(g)より、とかした食塩は5gであったことがわかります。

(6)ものが水にとけると、もののつぶは液全体に広がるので、とけたものは見えなくなります。食塩水が塩からく、水溶液全体の重さが変わっていないことなどからわかるように、とけたものはなくなってはいません。

80ページ　基本のワーク

1 ①水平　②スポイト　③真横

2 ①「ある」に◯

②「ちがう」に◯

まとめ　①決まった　②ちがい

81ページ　練習のワーク

❶ (1)メスシリンダー　(2)水平なところ

(3)㋑　(4)イ　(5)[い]　(6)58mL

❷ (1)食塩

(2)食塩…ある。　ミョウバン…ある。

(3)イ

てびき ❶ メスシリンダーを使うと、決まった体積の液体をはかり取ることができます。正確にはかるために、水平なところに置いて、真横(㋑)から液面([い])の目もりを読み取ります。

(4)はかり取る量より少なめに入れて、スポイトでつぎたしていきます。

❷ 食塩は6ぱい目でとけ残りが出たので、5はいまではとけたことがわかります。また、ミョウバンは3ばい目でとけ残りが出たので、2はいまではとけたことがわかります。このことから、食塩もミョウバンも、50mLの水にとける量には限りがあり、ものによってとける量にちがいがあることがわかります。

82ページ　基本のワーク

1 (1)①水の量　②水温

(2)③「増える」に◯

④「増える」に◯

2 (1)①水温　②水の量

(2)③「あまり増えない」に◯

④「増える」に◯

まとめ　①水の量　②水温

83ページ　練習のワーク

❶ (1)そろえる。

(2)食塩…増える。　ミョウバン…増える。

❷ (1)

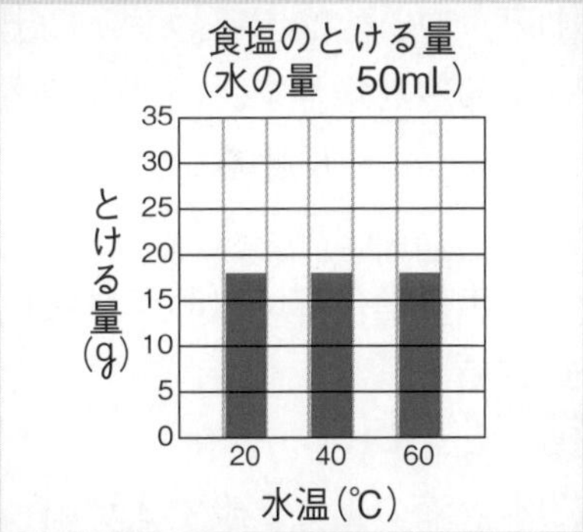

(2)ミョウバン…ア　食塩…ア

(3)ミョウバン…イ　食塩…ア

(4)ミョウバン…増える。

食塩…あまり増えない。

てびき ❶ (1)水の量を変えたときのとける量のちがいを調べるので、水の量だけを変えて、それ以外の条件はすべてそろえます。

(2)水の量が増えると、食塩もミョウバンも、とける量が増えます。

💡 **わかる！理科** 水の量が2倍、3倍、…となると、もののとける量も2倍、3倍、…となります。算数で、このような関係を比例ということを学習します。「もののとける量は、水の量に比例する」ということができます。

❷ (2)表より、20℃の水50mLに、ミョウバンは5.7gしかとけないので、20gを入れるととけ残りが出ます。また、20℃の水50mLに、食塩は17.9gしかとけないので、20gを入れるととけ残りが出ます。

(3)(4)表より、60℃の水50mLに、ミョウバンは28.7gとけるので、20gを入れるとすべてとけます。このように、水温を上げると、ミョウバンのとける量は増えます。一方、60℃の水50mLに、食塩は18.5gしかとけないので、20gを入れるととけ残りが出ます。水温を上げても、食塩のとける量はあまり増えないことがわかります。

📖 84・85ページ まとめのテスト❶

❶ (1)水溶液　(2)①、④に○　(3)ウ
❷ (1)ア　(2)変わらない。
(3)(水溶液の重さ＝)水の重さ＋とかしたものの重さ
(4)58g　(5)12g
❸ (1)ア、ウ　(2)出る。　(3)出ない。
(4)水の量を増やす。　(5)増える。
❹ (1)出る。　(2)出ない。　(3)増える。
(4)ウ
(5)あまり増えない。(あまり変わらない。)
(6)食塩

丸つけのポイント

❷ (3)水溶液の重さを表す式が問われていますから「水の重さ＋とかしたものの重さ」だけでも正解です。また、「とかしたものの重さ＋水の重さ」と、言葉の入れかえがあっても正解です。

❸ (4)「水の量を多くする。」「水の体積を増やす。」など、同じ意味のことが書かれていれば正解です。

てびき **❶** (1)(2)水にものをとかして、にごっていないとう明な液体になったとき、その液体を水溶液といいます。色がついていないものだけでなく、色がついているものもあります。

(3)水溶液はすべてとう明で、㋐(食塩の水溶液)のように色がないものと、㋑(コーヒーシュガーの水溶液)のように色がついているものがあります。㋒(でんぷんを水に入れたもの)のようににごっているものは、水溶液ではありません。

❷ (1)ものが水にとけると、もののつぶは液全体に広がるので、とけたものは見えなくなりますが、全体の重さが変わっていないことなどからわかるように、とけたものはなくなってはいません。

(2)(3)全体の重さは、ものをとかす前ととかした後で変わりません。よって、水溶液の重さは、「水の重さ＋とかしたものの重さ」として表すことができ、水の重さととかしたものの重さの和になっています。

(4)50＋8＝58(g)より、58gの水溶液ができます。

(5)とかした後の重さが112gで、水の重さが100gなので、とかした食塩の重さは、112－100＝12(g)であったことがわかります。

❸ (1)水の量と食塩のとける量の関係を調べるので、水の量だけを変え、水温やさじの大きさなど、水の量以外の条件はそろえます。水温が変わると、決まった量の水にとけるものの量が大きく変わることがあります(食塩はあまり変わりません)。また、さじの大きさやさじ1ぱいに入れる量が変わると、とかすものの量を正しく比べることができません。

(2)食塩は、50mLの水には5はいまでとけるので、6ぱい目からはとけ残りが出ます。

(3)食塩のとける量は水の量に比例します。水75mLは50mLの1.5倍なので、食塩もさじ5はいの1.5倍の7.5はいまではとけますが、この実験では、すりきりで何ばいまでとけるかを調べています。よって、食塩は、75mLの水には7.5はいまでとけるので、7はい入れてもすべてとけて、とけ残りは出ません。

(4)この実験でわかるように、水の量が少ない

ときよりも、水の量が多いときの方が、とける食塩の量は多くなります。このため、水の量を増やすと、とける食塩の量が増えます。

(5)水の量が少ないときよりも、水の量が多いときの方が、とけるミョウバンの量は多くなります。このため、水の量を増やすと、とけるミョウバンの量が増えます。

[4] (1)グラフから、20℃の水50mLには約6gのミョウバンがとけます。このため、10gのミョウバンを入れても、とけ残ってしまいます。

(2)グラフから、60℃の水50mLには約29gのミョウバンがとけます。このため、10gのミョウバンを入れると、すべてとけるため、とけ残りは出ません。

(3)グラフからわかるように、温度の低い水にとかすときよりも、温度の高い水にとかすときの方が、多くのミョウバンがとけます。このため、同じ量の水にミョウバンをとかすとき、水の温度を上げると、とけるミョウバンの量は増えます。

(4)グラフから、20℃の水50mLには約18gの食塩がとけます。また、60℃の水50mLにも約18gの食塩がとけます。このため、とけ残りの量はあまり変わりません。

(5)食塩では、温度の低い水にとかすときも、温度の高い水にとかすときも、とける食塩の量には、あまりちがいがありません。このため、同じ量の水に食塩をとかすとき、水の温度を上げても、とける食塩の量はあまり増えません。

わかる! 理科 水温が2倍、3倍、…となっても、とける量は2倍、3倍、…とはなりません。つまり、もののとける量は水温に比例するとはいえません。

(6)グラフより、40℃の水50mLに食塩とミョウバンをとかすとき、ミョウバンよりも食塩の方が多くとけています。水の量が2倍、3倍と増えると、とける食塩とミョウバンの量も2倍、3倍と増えます。このため、ミョウバンよりも食塩の方が多くとけるという大小関係に変わりはありません。

86ページ 基本のワーク

1 (1)㋐ろうと ㋑ろ紙
(2)①ガラスぼう ②ビーカー

2 ①ミョウバン ②食塩(①、②は順不同)
③ミョウバン ④食塩

まとめ ①ミョウバン ②食塩

87ページ 練習のワーク

1 (1)㋐ろ紙 ㋑ろうと
(2)イ
(3)ろ過
(4)ア (5)出てくる。

2 (1)ア (2)イ

てびき 1 (2)ろ過を行うときには、水でしめらせたろ紙をろうとの内側にぴったりつけ、ろうとの足の先をビーカーのかべにつけておきます。次に、ガラスぼうの先の方をろ紙につけ、ガラスぼうの中ほどに、ろ過したい液の入ったビーカーをつけて、ガラスぼうを伝わらせて静かにそそぎます。ガラスぼうの先はろ紙の底に当てないようにします。

(3)ろ紙で、液の中のつぶをこし取る方法をろ過といいます。

(4)水の量が同じ場合、温度の低い水よりも、温度の高い水の方が、多くのミョウバンがとけます。このため、水にミョウバンをとけるだけとかしたあと、温度を下げると、とけきれなくなったミョウバンがつぶとなって出てきます。

(5)ミョウバンはとけるだけとけています。水をじょう発させて、しだいに水の量が減ると、とけきれなくなったミョウバンがつぶとなって出てきます。

2 (1)決まった水の量にとける食塩の量には限りがあります。食塩水の水をじょう発させて、しだいに水の量が減ると、とけきれなくなった食塩はつぶとなって出てきます。

(2)食塩は、温度の低い水にとかすときも、温度の高い水にとかすときも、とける量には、あまりちがいがないので、水の温度を下げても、とける食塩の量はあまり変わりません。このため、水の温度を下げても、食塩のつぶはほとんど出てきません。

わかる! 理科　ミョウバンのように、水温が変化したときにとける量が大きく変化するものは、水溶液を冷やすととけていたものを取り出せます。
食塩のように、水温が変化してもとける量がほとんど変わらないものは、水溶液を冷やしてもとけていたものをほとんど取り出すことができません。

88・89ページ まとめのテスト②

[1] ⑴ろ過
⑵㋑
⑶②に○
⑷とけている。
[2] ⑴エ
⑵①に○
⑶②に○
[3] ⑴すべて水にとける。
⑵①に○
⑶イ
⑷ろ紙でこして取り出す。
⑸②に○
⑹出てくる。
⑺水溶液から水がじょう発して、水にとけきれなくなったミョウバンがつぶとなって出てくるから。

丸つけのポイント
[3] ⑺水溶液から水がじょう発することが書かれていれば正解です。

てびき [1] ⑴ろ紙で、液の中のつぶをこし取る方法をろ過といいます。
⑵ガラスぼうの先をろ紙の中ほどに当て、液を静かにそそぐこと、ろうとの足の先をビーカーのかべにつけることがポイントです。㋐はガラスぼうを使っていますが、ガラスぼうとろうとの位置が正しくありません。㋒と㋓はガラスぼうを使っていない点や、ろうとの位置や足の向きが正しくありません。
⑶ろ過する液が、ろ紙の上側のふちをこえると、液体がろ紙を通らずにろ紙とろうとの間を通って、ビーカーに直接流れ落ちてしまいます。
⑷はじめにミョウバンはとけるだけとかし、次に、この水溶液を冷やしたので、とけきれないミョウバンが出てきます。つまり、ろ過した後の水溶液には、ミョウバンがとけるだけとけています。
[2] ⑴表から、60℃の水50mLには、18.5gの食塩をとかすことができます。したがって、30－18.5＝11.5(g)の食塩がとけ残りとなって、つぶのままビーカーの底にしずみます。
⑵液の中から、つぶだけを取り出すにはろ紙でこして取り出します。この方法をろ過といいます。
⑶水にとける食塩の量は、水の温度が変わっても、あまり増えたり減ったりしません。このため、水溶液の温度を下げても、食塩はほとんど出てきません。食塩の水溶液から、とけている食塩を取り出すには、水溶液を熱して、水をじょう発させ、水の量を減らします。食塩水の水をじょう発させて、しだいに水の量が減ると、とけきれなくなった食塩はつぶとなって出てきます。
[3] ⑴グラフから、40℃の水50mLには約12gのミョウバンがとけます。このため、10gのミョウバンを入れると、すべてとけます。
⑵⑶水にとけるミョウバンの量は、水の温度によって変化し、水の温度が高いほど多くのミョウバンがとけます。このため、水溶液の温度を下げると、とけきれなくなったミョウバンはつぶとなって出てきます。
⑷水溶液と、つぶとなったミョウバンを分けるには、ろ過を行います。
⑸水にとけるミョウバンの量は、水の温度によって変化し、水の温度が高いほど多くのミョウバンがとけます。このため、水溶液の温度を下げれば下げるほど、出てくるミョウバンのつぶは多くなります。
⑹⑺はじめにミョウバンをとけるだけとかし、次に、この水溶液を冷やしたので、とけきれないミョウバンが出てきます。つまり、この水溶液には、ミョウバンがとけるだけとけています。水をじょう発させて、水の量が減ると、とけきれなくなったミョウバンはつぶとなって出てきます。

9 人のたんじょう

90ページ 基本のワーク

1. ①「受精卵」に◯　②「38」に◯
2. ①子宮　②へそのお
③たいばん　④羊水

まとめ　①受精卵　②子宮　③へそのお

91ページ 練習のワーク

1 (1)①卵(卵子)　②精子
(2)受精
(3)ア
(4)②に○
(5)ない。

2 (1)㋐たいばん
㋑へそのお　㋒羊水
(2)㋐イ　㋑ウ　㋒ア
(3)[い]　(4)ウ

てびき **1** (1)(2)女性の体内でつくられた卵と、男性の体内でつくられた精子がいっしょになることを受精といいます。また、受精した卵を受精卵といいます。

(3)(4)人の生命は、受精卵から始まります。受精卵の大きさは約0.1mmで、とても小さなものです。また、生まれるまでには約38週かかり、この間に、受精卵は母親の子宮の中で、少しずつ成長していきます。

(5)人の受精卵には受精卵(たい児)が成長するための養分はなく、子宮の中でへそのおやたいばんを通して母親から養分をもらいます。

2 (1)(2)たいばんでは、母親からの養分とたい児からのいらないものを交かんします。また、羊水で子宮の内側は満たされていて、子宮の中でたい児をうかんだようにして、外からのしょうげきをやわらげるだけでなく、いくらか体を動かすことができるようになっています。

(3)へそのおはたい児とたいばんをつないでいて、たい児は、子宮の中でへそのおを通して、母親から養分をもらいます。

(4)受精卵は母親の子宮の中で成長してたい児になります。生まれるまでには約38週かかります。1～2か月で人らしい形になり、たい児は少しずつ成長していきます。

わかる! 理科

- 植物の種子
→種子の中の養分を使って発芽します。
- たまごの中のメダカ
→たまごの中の養分を使って成長します。
- 人のたい児
→母親からたいばん、へそのおを通して養分をもらい、成長します。

92・93ページ まとめのテスト

1 (1)㋑　(2)ア
(3)卵…女性　精子…男性
(4)受精　(5)受精卵

2 (1)たい児　(2)㋓→㋑→㋒→㋐
(3)㋓　(4)㋑
(5)㋒　(6)イ

3 (1)子宮　(2)㋒
(3)たいばん　(4)㋐
(5)へそのお　(6)羊水
(7)体を動かすことができる。

4 (1)㋑　(2)イ　(3)ア

丸つけのポイント

3 (7)「体をある程度自由にすることができる」など、「体」という言葉が使われ、体を動かせることが書かれていれば正解です。

てびき **1** (1)(2)人の卵は㋑です。受精卵の大きさは約0.1mmで、とても小さなものです。精子㋐は卵よりもずっと小さいです。

(3)～(5)女性の体内でつくられた卵と、男性の体内でつくられた精子がいっしょになることを受精といい、受精した卵を受精卵といいます。人の生命は、受精卵から始まります。

2 (1)受精卵が成長し、母親の子宮の中で育つようになった子どもをたい児といいます。

(2)㋐は受精から約38週目、㋑は約14週目、㋒は約25週目、㋓は約4週目のたい児のようすを表しています。

(3)受精してから約4週目(㋓)で心ぞうが動き始めます。

(4)受精してから約14週目(㋑)で身長は15～16cm、体重はおよそ100gとなり、体の形がはっきりしてきます。

(5)約25週目(ウ)には、たい児が子宮の中で体を動かすのを、母親がわかるようになります。このように、受精卵から少しずつ人の体の形ができ、成長していきます。

(6)たい児が受精から約38週目(ア)にたんじょうするときには身長50cm、体重およそ3000gになっています。

💡 わかる！理科　生まれるまでの期間、生まれたときの身長や体重はおよその目安です。人によって差があります。

3 (1)たい児は子宮の中で成長します。アはへそのお、イは子宮、ウはたいばん、エは羊水を表しています。

(2)(3)たい児は、子宮の内側にあるたいばんと、へそのおでつながっています。たいばんは母親とたい児の間で、成長のための養分や、いらなくなったものを交かんします。

(4)(5)へそのおは、たい児と母親が交かんする、養分や、いらなくなったものの通り道になっています。

(6)(7)子宮の中は羊水で満たされていて、子宮の中でたい児はうかんだようになっています。羊水は、外からのしょうげきをやわらげるだけでなく、たい児がいくらか体を動かすことができるようにしています。

4 (1)ブタの子は、人と同じように、母親の体内で、母親から養分をもらって成長し、ある程度育ってから生まれます。

(2)イヌ、ネコ、ブタなど、親と似たすがたで母親から生まれる動物は、人と同じように、母親の体内で養分をもらって、ある程度成長してから生まれます。

(3)メダカ、ニワトリなど、たまごで生まれる動物はたまごからかえるまでの間、たまごの中の養分を使って、たまごの中で成長してから生まれます。

プラスワーク

🔖 94〜96ページ　プラスワーク

1 (1)0.5秒
(2)長くする。
(3)ア
(4)ア

2 (1)ウ
(2)ア、イ、エ
(3)イ、エ
(4)アの種子に水をあたえる。

3 (1)せびれ、しりびれ
(2)産まない。
(3)めすだけしか入っていないから。

4 (1)エ　(2)①花粉　②めしべ　③受粉

5 (1)イ
(2)石の大きさを比べられるようにするため。

6 (1)イ　(2)ア、ウ、エ　(3)イ
(4)ウ

7 (1)ろ過
(2)

🔴 丸つけの ポイント ・・・・・・・・・・・・・

2 (4)水の条件をそろえることから、「アの土を水でしめらせる。」など、アに水をあたえることが書かれていれば、「種子」という言葉がなくても正解です。

5 (2)「石どうしの大きさを比べる」「石の大小関係を調べる」など、同じ意味のことが書かれていれば正解です。

📖 てびき 1 (1)1分は60秒。この間に120往復するので、1往復にかかる時間は、60÷120＝0.5(秒)となります。

(2)ふりこの長さを長くするほど、ふりこが1往復する時間は長くなります。

(3)ふりこの長さを長くするには、おもりを支点から遠ざかるように動かします。

⑷ふりこが1往復する時間は、ふれはばによって変わることはありません。よって、ふれはばを大きくすると、メトロノームがふれる速さは速くなります。

2 ⑴⑵発芽と空気の関係について調べたいとき、空気の条件だけを変えて、温度や明るさなど、空気以外の条件はすべてそろえる必要があります。

⑶㋐の種子は水があたえられていませんが、空気にはふれています。㋑の種子は水中にあるため、水があたえられていますが、空気にはふれていません。㋐と㋑では、空気の条件だけでなく水の条件も変えています。

⑷水と空気の2つの条件を変えてしまっているので、正しく調べることができません。正しく調べるためには、水の条件もそろえる必要があります。そこで、㋐の種子に水をあたえるなど、種子が空気にふれながら水もあたえられているようにします。

3 ⑴メダカのおすとめすは、せびれやしりびれの形で見分けられます。おすは、せびれに切れこみがあり、しりびれは平行四辺形に近い形をしています。めすは、せびれに切れこみがなく、しりびれの後ろが短くなっています。また、めすのはらは、おすのはらよりも少しふくらんでいます。

⑵⑶水そうの中に、おすとめすをいっしょに入れて、水温が25℃くらいになると、やがてめすはたまごを産みます。おすとめすをいっしょに飼わないと、めすはたまごを産みません。

4 農家では、実をたくさん実らせようとしています。そのためには、たくさんの花の1つ1つできちんと受粉が起こることが大切です。受粉が起こらないと、実ができないからです。しかし、人の手で1つ1つ受粉させていたら、とてもたいへんです。そこで、ミツバチの助けを借りています。ミツバチは花粉をめしべに運んで、たくさんの花に受粉させる役わりをしています。このように、受粉のときにミツバチなどのこん虫の力を借りている農家がたくさんあります。

5 ⑴㋑の石は、ものさしよりもずっと大きい石であることがわかります。反対に、㋒の石はとても小さい石であることがわかります。

⑵別々の場所を写した3枚の写真ですが、同じものさしをもとにすることで、それぞれの写真に写った石の大きさを比べることができます。このように、写真をとるときに、大きさを比べるもとになるようなものもいっしょに写すと、後で比べやすくなります。

6 ⑴⑵コイルのまき数と電磁石の強さの関係を調べているので、コイルのまき数だけを変えます。電流の大きさ、導線の長さ、かん電池の向き、かん電池の数などの条件は、すべてそろえます。

⑶⑷コイルのまき数以外の条件をすべてそろえるために、コイルにまかずに余った導線も切り取らずに束ねておきます。こうすることで、導線の全体の長さという条件をそろえて調べることができます。切り取ってしまうと、導線の全体の長さが㋐と㋑で変わってしまい、正しく調べることができません。

7 ⑴ろ紙で、液の中のつぶをこし取る方法をろ過といいます。

⑵図1の正しくないところは、水溶液をビーカーから直接ろうとにそそいでいること、ろうとの足が、ビーカーの内側についていないことの2つです。ろ過を行うときには、水でしめらせたろ紙をろうとの内側にぴったりつけ、ろうとの足の切り口の長い方をビーカーのかべにつけておきます。次に、ガラスぼうの先の方をろ紙につけ、ガラスぼうの中ほどに、ろ過したい液の入ったビーカーをつけて、ガラスぼうを伝わらせて静かにそそぎます。

実力判定テスト 夏休みのテスト①

1 次の図のふりこの1往復する時間について、あとの問いに答えましょう。 1つ8〔40点〕

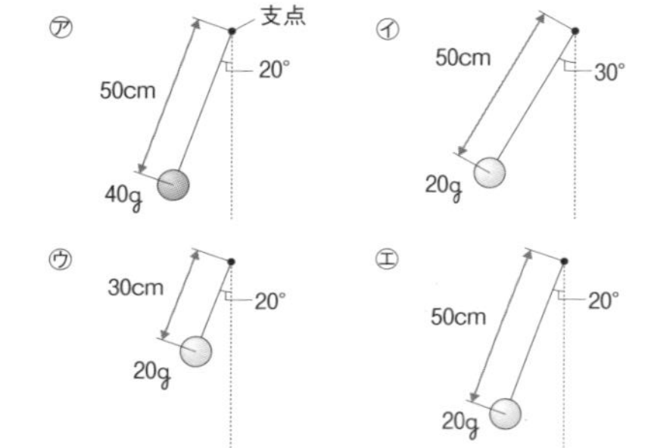
㋐
支点
50cm
20°
40g
㋑
50cm
30°
20g
㋒
30cm
20°
20g
㋓
50cm
20°
20g

(1) ふりこの1往復する時間と次の①～③との関係を調べたいとき、それぞれ㋐～㋓のどれとどれを比べますか。
① おもりの重さ　(㋐ と ㋓)
② ふれはば　(㋑ と ㋓)
③ ふりこの長さ　(㋒ と ㋓)

(2) ふりこの1往復する時間は、何によって変わりますか。　(ふりこの長さ)

(3) ふりこの1往復する時間を長くするには、どのようにすればよいですか。
(ふりこの長さを長くする。)

2 次の図の㋐～㋓のように、肥料分をふくまない土にインゲンマメの種子をまき、発芽するかどうかを調べました。あとの問いに答えましょう。 1つ8〔40点〕

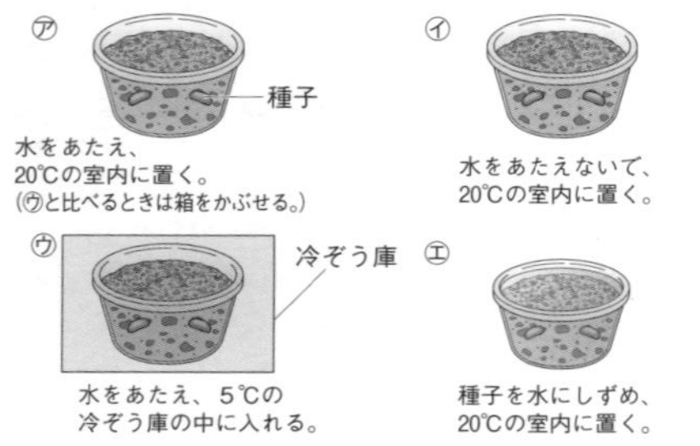
㋐
種子
水をあたえ、
20℃の室内に置く。
(㋒と比べるときは箱をかぶせる。)
㋑
水をあたえないで、
20℃の室内に置く。
㋒
冷ぞう庫
水をあたえ、5℃の
冷ぞう庫の中に入れる。
㋓
種子を水にしずめ、
20℃の室内に置く。

(1) 発芽とは何ですか。「種子」という言葉を使って書きましょう。
(種子から芽が出ること。)

(2) ㋐と㋑を比べると、発芽には何が必要かどうかを調べられますか。　(水)

(3) ㋐と㋒を比べると、発芽には何が必要かどうかを調べられますか。　(適当な温度)

(4) ㋐と㋓を比べると、発芽には何が必要かどうかを調べられますか。　(空気)

(5) ㋐～㋓のうち、発芽したものはどれですか。　(㋐)

3 次の図1は、発芽する前のインゲンマメの種子のつくりを、図2は発芽して成長したインゲンマメを表したものです。あとの問いに答えましょう。 1つ5〔20点〕

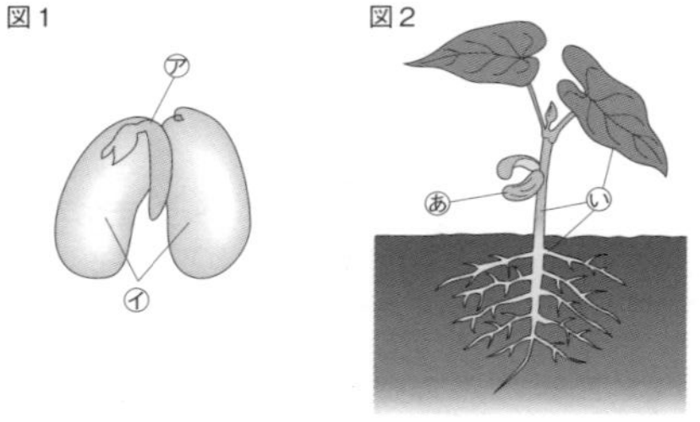
図1
㋐
㋑
図2
[あ]
[い]

(1) 図1の㋐の部分は、発芽してしばらくすると、図2の[あ]、[い]のどちらの部分になりますか。　([い])

(2) でんぷんがふくまれているかどうかを調べるときに使う液を何といいますか。　(ヨウ素液)

(3) 図1と、図2の[あ]を(2)の液にひたすと、どのようになりますか。次のア、イから選びましょう。　(ア)
ア 図1の㋑の部分だけが青むらさき色になる。
イ 図2の[あ]の部分だけが青むらさき色になる。

(4) (3)から、子葉の中のでんぷんは、何の養分として使われていることがわかりますか。
(発芽するときの養分)

実力判定テスト 夏休みのテスト②

1 インゲンマメのなえを次の㋐～㋒のようにして2週間育て、育ち方を比べました。あとの問いに答えましょう。 1つ6〔30点〕

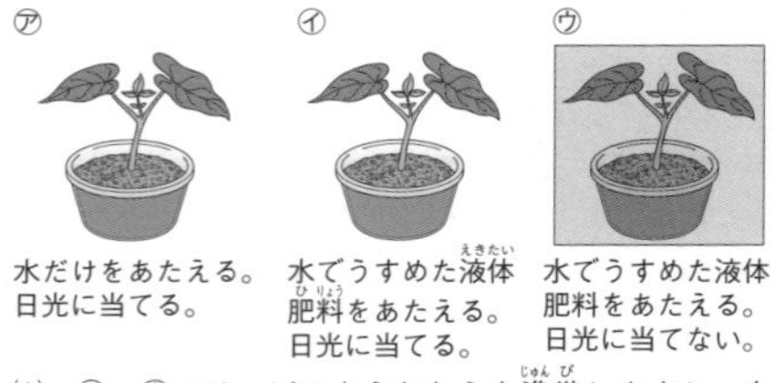
㋐
水だけをあたえる。
日光に当てる。
㋑
水でうすめた液体肥料をあたえる。
日光に当てる。
㋒
水でうすめた液体肥料をあたえる。
日光に当てない。

(1) ㋐～㋒には、どのようななえを準備しますか。次のア、イから選びましょう。　(ア)
ア 育ち方が同じくらいのなえ
イ 育ち方がちがうなえ

(2) 植物の成長に日光が関係しているかどうかを調べるには、㋐～㋒のどれとどれを比べればよいですか。　(㋑ と ㋒)

(3) 植物の成長に肥料が関係しているかどうかを調べるには、㋐～㋒のどれとどれを比べればよいですか。　(㋐ と ㋑)

(4) 2週間後、一番よく育ったなえは、㋐～㋒のどれですか。　(㋑)

(5) この実験から、植物の成長に関係している条件について、どのようなことがわかりますか。
(植物の成長には、日光や肥料が関係していること。)

2 魚のたんじょうについて、次の問いに答えましょう。 1つ6〔42点〕

(1) メダカを水そうで飼うとき、水草を入れるのはなぜですか。次のア、イから選びましょう。(イ)
ア メダカが水草を食べるから。
イ メダカがたまごを産みやすくなるから。

(2) 水そうで飼っているメダカにえさをあたえるとき、どのようにしますか。次のア、イから選びましょう。　(イ)
ア 食べ残しが出る程度の量を、毎日1回あたえる。
イ 食べ残しが出ない程度の量を、毎日2～3回あたえる。

(3) メダカのおすは、㋐、㋑のどちらですか。　(㋑)

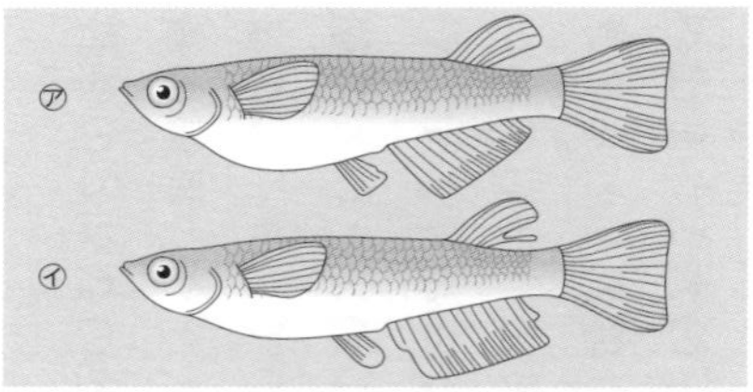
㋐
㋑

(4) めすが産んだたまごは、おすが出した何と結びつくと成長を始めますか。　(精子)

(5) めすが産んだたまごとおすが出した(4)が結びつくことを、何といいますか。　(受精)

(6) (5)によってできたたまごのことを何といいますか。　(受精卵)

(7) たまごの中のメダカの変化について正しいものを、次のア、イから選びましょう。　(ア)
ア たまごの中にたくわえられた養分を使って、少しずつメダカのからだができる。
イ 親から養分をもらいながら、小さいメダカが大きくなる。

3 台風について、次の問いに答えましょう。 1つ7〔28点〕

(1) 台風はどこで発生しますか。次のア、イから選びましょう。　(イ)
ア 日本の北の方
イ 日本の南の方

(2) 台風は、いつごろ日本付近に近づくことが多いですか。次のア～エから選びましょう。　(イ)
ア 春から夏　イ 夏から秋
ウ 秋から冬　エ 冬から春

(3) 台風が近づくと、雨や風はどのようになりますか。　(強くなる。)

(4) 台風によるめぐみには、どのようなことがありますか。次のア～ウから選びましょう。　(ア)
ア ふった雨によって、ダムの水が増える。
イ 強い風がふいて、鉄とうがたおれる。
ウ 大雨によって、山で土しゃくずれが起こる。

もんだいのてびきは 32 ページ

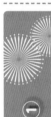

実力判定テスト　冬休みのテスト①

1 次の図は、ヘチマとアサガオの花のつくりを表したものです。あとの問いに答えましょう。 1つ4〔40点〕

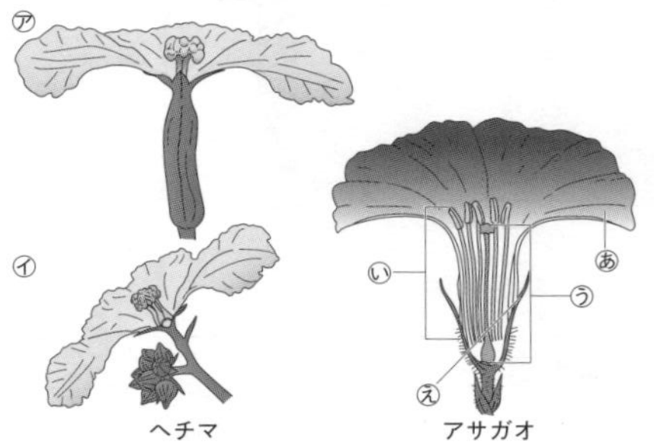

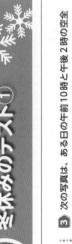

㋐
㋑
ヘチマ
あ
い
う
え
アサガオ

(1) ヘチマの㋐、㋑の花を何といいますか。
㋐（ めばな ） ㋑（ おばな ）

(2) アサガオの花のあ～えのつくりを何といいますか。
あ（ 花びら ） い（ おしべ ）
う（ めしべ ） え（ がく ）

(3) アサガオの花粉はどこから出ますか。
（おしべ(い)）

(4) 花粉がうの先につくことを何といいますか。
（ 受粉 ）

(5) (4)が起こると、うのもとは成長して何になりますか。
（ 実 ）

(6) (5)の中には何ができますか。
（ 種子 ）

2 右の図のようなけんび鏡について、次の問いに答えましょう。 1つ5〔10点〕

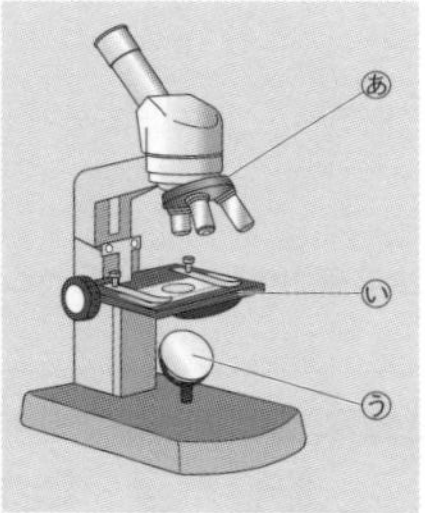

あ
い
う

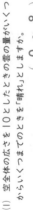

(1) 接眼レンズをのぞいたときに明るく見えるようにするには、図のあ～うのうち、どの部分を調節しますか。
（ う ）

(2) 接眼レンズの倍率が15倍、対物レンズの倍率が10倍のとき、けんび鏡の倍率は何倍ですか。
（ 150倍 ）

3 次の写真は、ある日の午前10時と午後2時の空全体を写したものです。あとの問いに答えましょう。 1つ10〔30点〕

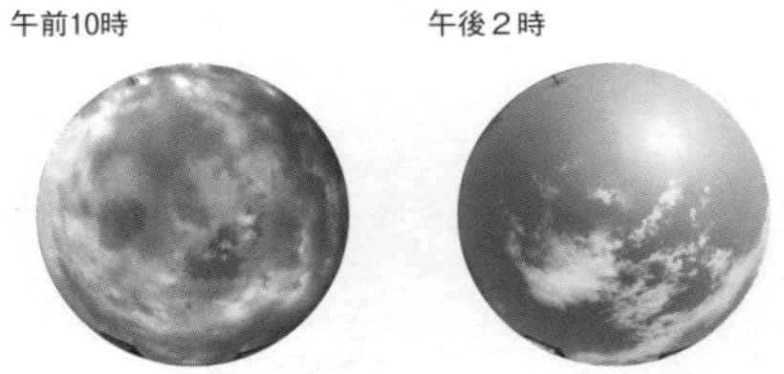

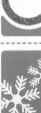

午前10時
午後2時

(1) 空全体の広さを10としたときの雲の量がいくつからいくつまでのときを「晴れ」としますか。
（ 0 ～ 8 ）

(2) 午前10時の天気は、晴れとくもりのどちらですか。
（ くもり ）

(3) 雲の量は、午前10時から午後2時にかけてどのように変化しましたか。
（ 少なくなった。 ）

4 次の図は、9月30日から10月2日までの午後3時の雲画像です。あとの問いに答えましょう。 1つ10〔20点〕

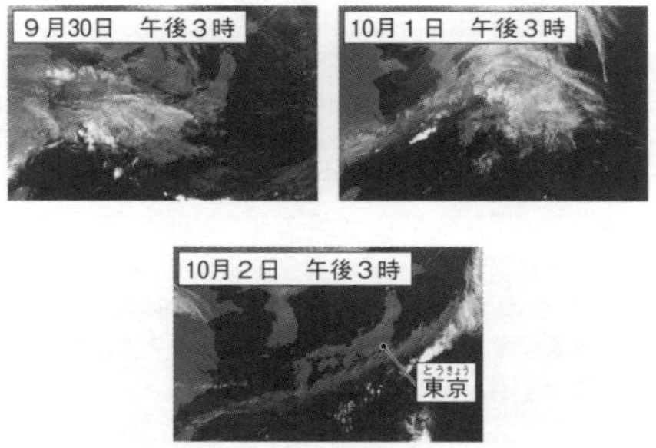

9月30日　午後3時
10月1日　午後3時
10月2日　午後3時
東京

(1) 日本付近の雲は、およそどの方位からどの方位へ動いていますか。
（ 西 から 東 ）

(2) 10月2日午後3時の雲画像から、10月3日の東京の天気は何だと予想できますか。次のア～ウから選びましょう。
（ ア ）
ア 晴れ　イ くもり　ウ 雨

実力判定テスト　冬休みのテスト②

1 次の図で、川の㋐～㋒の付近のようすについて、あとの問いに答えましょう。 1つ10〔60点〕

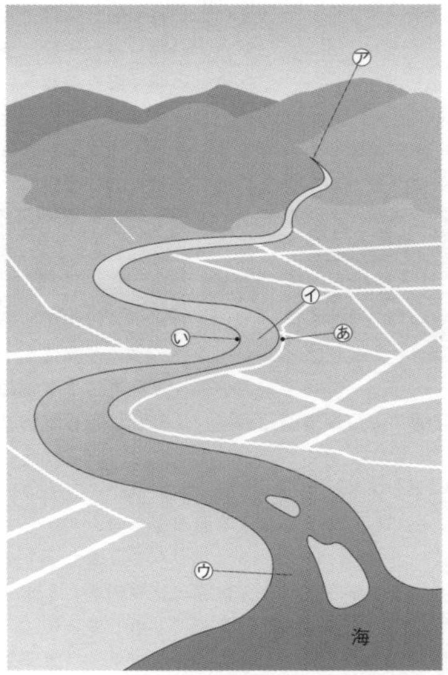

㋐
㋑
あ
い
㋒
海

(1) 川の流れが速く、両岸が切り立ったがけになっているのは、㋐、㋒のどちらですか。
（ ㋐ ）

(2) 川原に小さくて丸みをおびた石が多いのは、㋐、㋒のどちらですか。
（ ㋒ ）

(3) 流れる水の3つのはたらきのうち、㋐で大きいはたらきは運ぱんと何ですか。
（ しん食 ）

(4) 流れる水の3つのはたらきのうち、㋒で大きいはたらきは何ですか。
（ たい積 ）

(5) ㋑の場所で、岸ががけになっているのは、図のあ、いのどちら側ですか。
（ あ ）

(6) 流れる水の量が増えると、災害が起こりやすくなります。大雨の後、流れる水のはたらきはどのようになりますか。次のア～ウから選びましょう。
（ ア ）

ア 大きくなる。
イ 小さくなる。
ウ 変わらない。

2 電磁石について、次の問いに答えましょう。 1つ5〔40点〕

(1) 電磁石は、どのようなときに磁石になりますか。
（ 電流が流れているとき。 ）

(2) 電磁石の極を変えるには、電流が流れる向きをどのようにすればよいですか。
（変える。(逆にする。)）

(3) 同じ長さ、同じ太さの導線を使って、次の図のような電磁石を作りました。電磁石の強さが一番強いものと一番弱いものを、それぞれ㋐～㋓から選びましょう。
電磁石の強さが一番強いもの（ ㋓ ）
電磁石の強さが一番弱いもの（ ㋐ ）

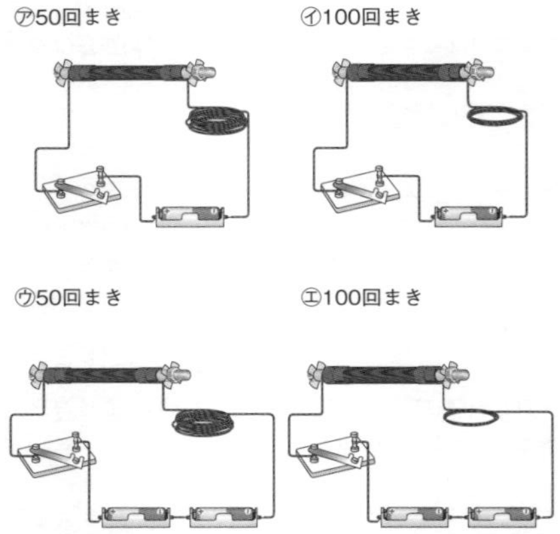

㋐50回まき
㋑100回まき
㋒50回まき
㋓100回まき

(4) 電磁石の強さを強くするには、どのようにすればよいですか。2つ答えましょう。
（ 電流を大きくする。 ）
（ コイルのまき数を多くする。 ）

(5) 電磁石の強さを強くすると、鉄を引きつける強さはどうなりますか。
（ 強くなる。 ）

(6) 磁石と電磁石を組み合わせた、電流を流すと回転する装置で、せん風機やせんたく機などに利用されているものを何といいますか。
（ モーター ）

もんだいのてびきは 32 ページ

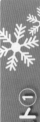

実力判定テスト　学年末のテスト①

[1] ものが水にとけた液体について、次の問いに答えましょう。 1つ6〔30点〕

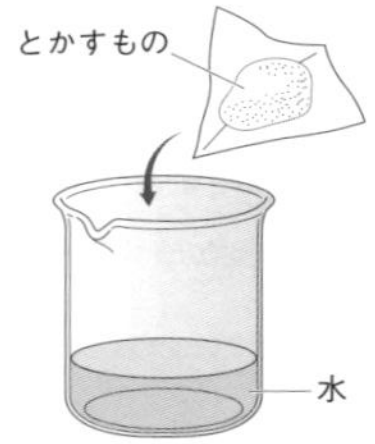

(1) ものが水にとけた液体を何といいますか。
（ 水溶液 ）

(2) (1)の液は、とう明ですか、にごっていますか。
（ とう明 ）

(3) 100gの水に10gの食塩をとかしました。できた液の重さは何gですか。
（ 110g ）

(4) 20℃の水50mLに食塩をとけるだけとかしました。食塩のとける量に限りはありますか。
（ ある。 ）

(5) 20℃の水50mLにミョウバンをとけるだけとかしました。ミョウバンのとける量は、(4)でとけた食塩の量と同じですか、ちがいますか。
（ ちがう。 ）

[2] 次のグラフは、50mLの水にとけるミョウバンと食塩の量を、水の温度を変えて調べた結果を表したものです。あとの問いに答えましょう。 1つ5〔35点〕

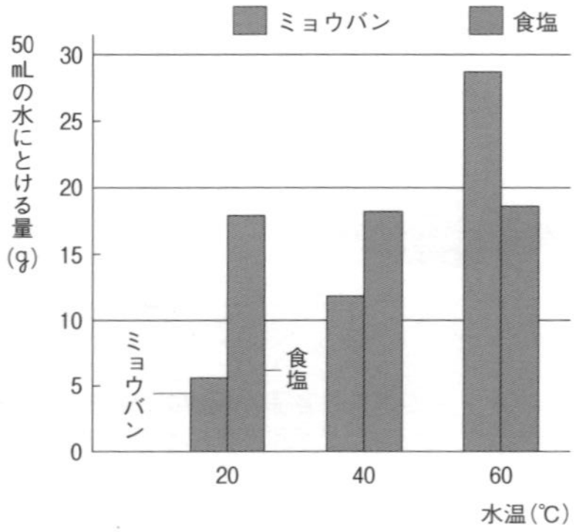

(1) 水温を上げると、ミョウバンのとける量はどのようになりますか。
（ 増える。 ）

(2) 水温を上げると、食塩のとける量はどのようになりますか。
（あまり変わらない。(あまり増えない。)）

(3) 食塩をとかす量を増やしたいとき、水の量をどのようにすればよいですか。（ 増やす。 ）

(4) ミョウバンをとけるだけとかした水溶液を冷やしました。とけていたミョウバンを取り出すことができますか。（ できる。 ）

(5) ミョウバンをとけるだけとかした水溶液の水をじょう発させました。とけていたミョウバンを取り出すことができますか。
（ できる。 ）

(6) 食塩をとけるだけとかした水溶液からとけている食塩を取り出すには、どのようにすればよいですか。
（ 水溶液の水をじょう発させる。 ）

(7) 水溶液にとけきれなかった食塩やミョウバンのつぶを、ろ紙、ろうと、ろうと台などを使い、こして取り出しました。このことを何といいますか。
（ ろ過 ）

[3] 右の図は、母親の体内でのたい児のようすです。次の問いに答えましょう。 1つ7〔35点〕

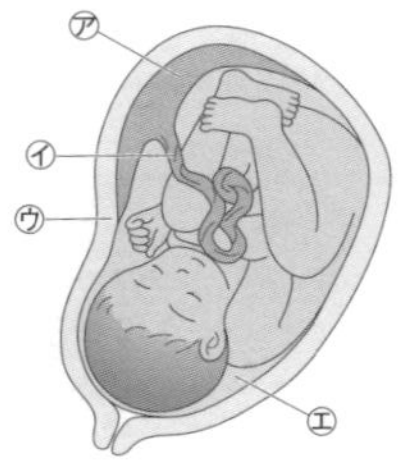

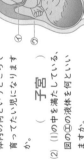

(1) 人の受精卵は、母親の体内の何というところで育ってたい児になりますか。
（ 子宮 ）

(2) (1)の中を満たしている、図の㋓の液体を何といいますか。
（ 羊水 ）

(3) 母親から運ばれてきた養分と、たい児がいらなくなったものを交かんしている部分を、図の㋐～㋒から選びましょう。（ ㋐ ）

(4) (3)の部分とたい児をつなぎ、養分などを送っている管を何といいますか。（ へそのお ）

(5) 人は、受精してからおよそ何週目でたんじょうしますか。次のア～エから選びましょう。（ ウ ）
ア　約4週目　　イ　約16週目
ウ　約38週目　　エ　約60週目

実力判定テスト　学年末のテスト②

[1] インゲンマメを使って、植物が成長するのに関係しているものを調べたところ、図のようになりました。あとの問いに答えましょう。 1つ8〔40点〕

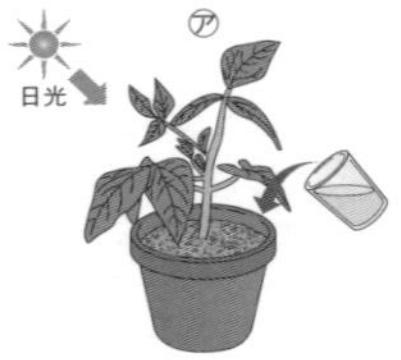

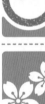

(1) インゲンマメに水だけあたえたものと、水でうすめた液体肥料をあたえたものを用意し、成長のようすを観察しました。このとき、そろえた条件を2つ書きましょう。（ 日光(土) ）（ 水(温度) ）

(2) (1)のとき、変えた条件は何ですか。（ 肥料 ）

(3) 水でうすめた液体肥料をあたえたものを、㋐、㋑から選びましょう。（ ㋐ ）

(4) (3)のように考えた理由を書きましょう。
（ ㋐の方がよく成長しているから。 ）

[2] 次のような雲画像で、天気を調べました。あとの問いに答えましょう。 1つ8〔24点〕

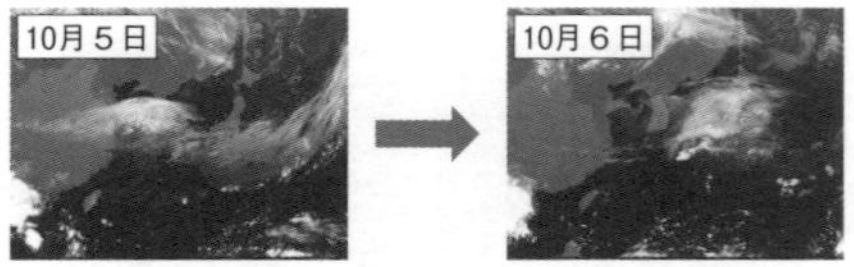

(1) 雲画像の変化から、雲はどの方位からどの方位に向かって動いていることがわかりますか。ア～エから選びましょう。（ イ ）
ア　東から西へ動いている。
イ　西から東へ動いている。
ウ　北から南へ動いている。
エ　南から北へ動いている。

(2) (1)から、天気はどの方位からどの方位へと変わるといえますか。（ 西 から 東 ）

(3) 気象情報には、気象衛星の雲画像のほかに、全国各地で観測した雨の量などがあります。雨の量などを自動的に観測し、その情報を気象庁に送るしくみをカタカナで何といいますか。（ アメダス ）

[3] 電磁石を作り、次の図のようにして電磁石の性質を調べました。あとの問いに答えましょう。 1つ6〔12点〕

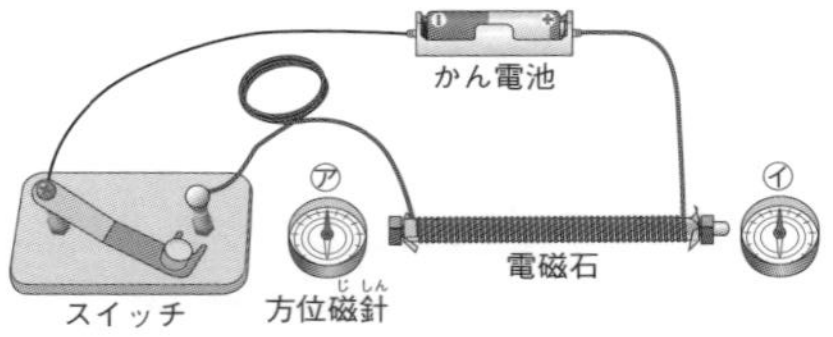

(1) スイッチを入れると、㋐の方位磁針のN極が電磁石に引きつけられました。㋑の方位磁針のはりはどのようになりますか。ア～ウから選びましょう。
（ イ ）
ア　N極が電磁石の方を指す。
イ　S極が電磁石の方を指す。
ウ　動かない。

(2) かん電池の＋極と－極を入れかえてスイッチを入れると、電磁石の極は変わりますか。
（ 変わる。 ）

[4] 右の写真は、災害を防ぐためのくふうを表したものです。次の問いに答えましょう。 1つ8〔24点〕

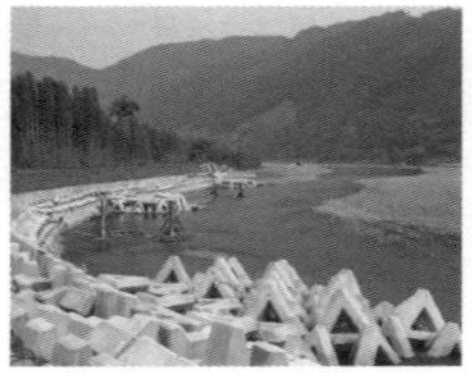

(1) このくふうを何といいますか。ア～ウから選びましょう。
（ イ ）
ア　遊水地
イ　ブロック
ウ　さ防ダム

(2) 台風などにより、短い時間に多くの雨がふったときに、こう水が起こりやすくなります。川を流れる水の量が増えると、流れる水のはたらきはどのようになりますか。（ 大きくなる。 ）

(3) (1)のくふうは、どのようなはたらきをしていますか。ア～ウから選びましょう。（ ウ ）
ア　大雨がふると、川の水を一時的にためる。
イ　しん食された石やすなが一度に流されるのを防ぐ。
ウ　水の力を弱め、川岸がしん食されるのを防ぐ。

もんだいのてびきは 32 ページ

実力判定テスト　かくにん! 実験器具の使い方

[★] ろ過のしかた

1 ろ紙の折り方について、①～③に当てはまる言葉をそれぞれ下の[　]から選びましょう。

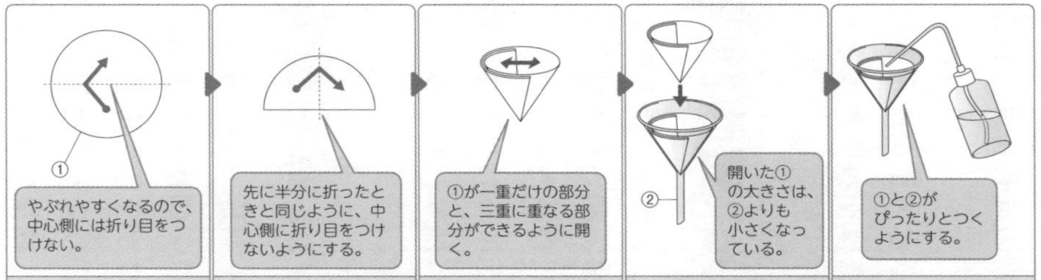

やぶれやすくなるので、中心側には折り目をつけない。
①
先に半分に折ったときと同じように、中心側に折り目をつけないようにする。
①が一重だけの部分と、三重に重なる部分ができるように開く。
開いた①の大きさは、②よりも小さくなっている。
②
①と②がぴったりとつくようにする。

① ろ紙 を半分に折る。	さらに半分に折る。	①を開く。	開いた①を ② ろうと に入れる。	①を ③ 水 でぬらす。

薬包紙（やくほうし）　ろ紙　メスシリンダー　ろうと
水　アルコール

ろ過のしかたは、中学校の理科でも学習するよ。わすれないでね！

2 ろ過（か）のしかたについて、あとの問いに答えましょう。

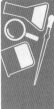

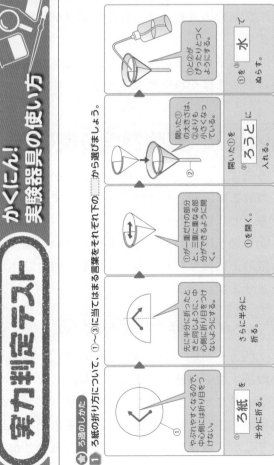

液（えき）はガラスぼうに伝わらせて、③（ 勢（いきお）いよく ・ (静かに) ）そそぐ。

ろうとの足をビーカーのかべに②（ (つける) ・ つけない ）。

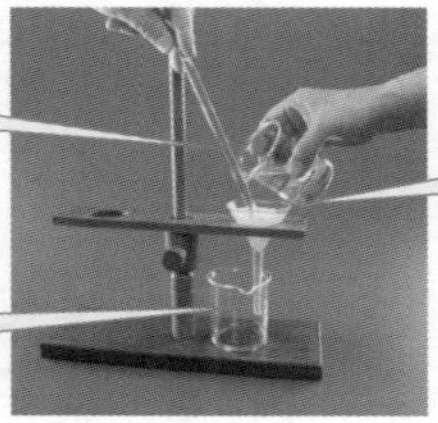

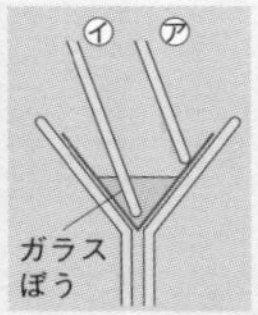

㋑
㋐
ガラスぼう

ガラスぼうは①（ (㋐) ・ ㋑ ）のようにつける。

(1) ガラスぼうは、ろ紙にどのようにつけますか。①の（　）のうち、正しい方を◯で囲みましょう。
(2) ろうとの足は、ビーカーのかべにつけますか。②の（　）のうち、正しい方を◯で囲みましょう。
(3) 液は、どのようにそそぎますか。③の（　）のうち、正しい方を◯で囲みましょう。
(4) ろ過した後の水溶液は、どのように見えますか。次のア～ウから選びましょう。（ イ ）

ア にごって見える。　イ とう明に見える。　ウ にごっている部分ととう明な部分が見える。

実力判定テスト　かくにん! 数や量の平均

[★] 平均

たいせつ
様々な大きさの数や量をならして、同じ大きさにしたものを平均といいます。
平均は、次の式で求めることができます。
平均＝(数や量の合計)÷(数や量の個数)

[例] 走りはばとびを３回行ったところ、１回目が2.5m、２回目が2.7m、３回目が2.3mだった。３回の平均は、
(2.5＋2.7＋2.3)÷３＝2.5m

1 図のように、ストップウォッチを使って、ふりこの１往復（おうふく）する時間を求めました。あとの問いに答えましょう。

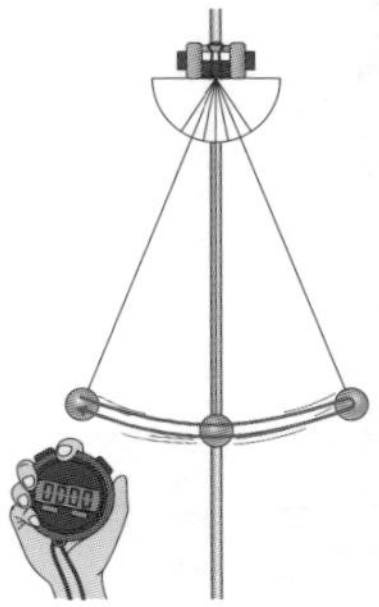

10往復する時間を５回計った結果

	1回目	2回目	3回目	4回目	5回目
10往復する時間(秒)	15.3	15.5	15.2	15.1	15.5

・１往復する時間（秒）＝10往復する時間（秒）÷10（回）
・小数第２位で四捨五入（ししゃごにゅう）する。

	1回目	2回目	3回目	4回目	5回目
1往復する時間(秒)	1.5	1.6	1.5	1.5	1.6

ふりこの1往復する時間の平均は、
(1.5+1.6+1.5+1.5+1.6)÷5＝1.54
小数第２位を四捨五入すると、
1.54→1.5秒

ヒント
１往復する時間を１回で正確に計るのはむずかしいから、10往復する時間を10でわって求めるといいよ！

(1) みかん５個の重さをはかると、それぞれ95g、103g、101g、99g、93gでした。これらのみかんの平均の重さは何gですか。小数第１位を四捨五入した重さを答えましょう。（ 98g ）

(2) 図と同じように、ふりこの１往復する時間を求めました。次の①～⑧に当てはまる数字をそれぞれ[　]に書きましょう。

10往復する時間を５回計った結果

	1回目	2回目	3回目	4回目	5回目
10往復する時間(秒)	16.4	16.1	16.2	16.5	16.0

１往復する時間を、小数第２位で四捨五入して求める。

	1回目	2回目	3回目	4回目	5回目
1往復する時間(秒)	① 1.6	② 1.6	③ 1.6	④ 1.7	⑤ 1.6

ふりこの１往復する時間の平均を、小数第２位まで求めると、(①+②+③+④+⑤)÷ ⑥ [5] ＝ ⑦ [1.62]
⑦の小数第２位を四捨五入すると、ふりこの１往復する時間の平均は ⑧ [1.6] 秒となる。

ふりこの１往復する時間は、いろいろな求め方があるよ。

もんだいのてびきは 32 ページ

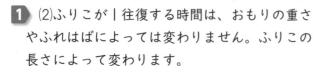

夏休みのテスト①

1 (2)ふりこが1往復する時間は、おもりの重さやふれはばによっては変わりません。ふりこの長さによって変わります。

2 (2)水の条件だけを変えているので、発芽には水が必要かどうかを調べられます。

(3)温度の条件だけを変えているので、発芽には適当な温度が必要かどうかを調べられます。

夏休みのテスト②

1 (2)(3)調べる条件だけを変えている2つを比べます。

2 (3)メダカのおすは、せびれに切れこみがあり、しりびれは平行四辺形に近い形になっています。

3 (1)(2)台風は日本のはるか南の方で発生し、夏から秋にかけて日本に近づきます。

(3)台風が近づくと、雨と風が強くなります。台風が過ぎると、雨や風がおさまって晴れることが多いです。

冬休みのテスト①

1 (3)(4)おしべの先はふくろのようになっていて、その中に花粉が入っています。花粉はこのふくろから出てめしべの先につきます。このことを受粉といいます。

2 (2)15×10=150(倍)　となります。

3 (1)(2)空全体の広さを10としたとき、雲の量が9、10のときを「くもり」とします。0～8のときは「晴れ」とします。

4 雲が西から東へと動くので、天気も西から東へと変わります。

冬休みのテスト②

1 (5)流れる水には、しん食、運ぱん、たい積の3つのはたらきがあります。曲がって流れているところの外側では流れが速く、しん食や運ぱんのはたらきが大きいです。内側では流れがおそく、たい積のはたらきが大きいです。

2 (4)回路に流れる電流が大きいほど、コイルのまき数が多いほど、電磁石の強さは強くなります。

学年末のテスト①

1 (3)水溶液の重さは、水の重さととかしたものの重さの和になります。100＋10＝110(g)

2 (1)～(3)水の温度を上げたとき、ミョウバンのとける量は増えますが、食塩のとける量はあまり変わりません。水の量を増やすと、ミョウバンも食塩もとける量が増えます。

(4)(5)ミョウバンは、水溶液を冷やしたり、水の量を減らしたりすると取り出せます。

3 子宮の中にいるたい児は、たいばんとへそのおで母親とつながっていて、たいばんからへそのおを通して、成長に必要な養分などを母親から受け取っています。

学年末のテスト②

1 (1)(2)植物の成長には、日光や肥料が関係しています。

4 (2)流れる水の量が増えると、しん食、運ぱんのはたらきはそれぞれ大きくなります。

かくにん! 実験器具の使い方

1 ろ紙は、2回折ったものを開いてからろうとにつけます。開いたろ紙を水でぬらすと、ろ紙がろうとにぴったりとつきます。

2 (4)ろ過をすると、液体に混ざっていた固体がろ紙の上に残り、ビーカーにはとう明な液体がたまります。

かくにん! 数や量の平均

1 (1)(95＋103＋101＋99＋93)÷5＝98.2
小数第1位を四捨五入すると、98gとなります。

(2)ふりこが10往復する時間を計って、その結果からふりこが1往復する時間を求めるのは、ふりこが1往復する時間を正確に計ることがむずかしいからです。

3 2 1 0 9 8 7 6 5 4
＊ ＊ D C B A

3 魚のたんじょう [教科書 40〜53ページ] 右の図のようにしてメダカを飼うことにしました。次の問いに答えましょう。

(1) メダカのおすとめすは、体についている何という部分で見分けられますか。2つ書きましょう。
（　　　　　　　　　　）
（　　　　　　　　　　）

(2) 図のような飼い方で、メダカのめすはたまごを産みますか。
（　　　　　　　　　　）

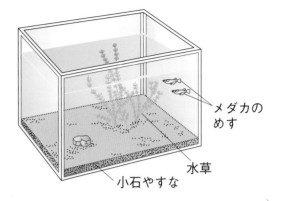

メダカのめす
水草
小石やすな

(3) (2)のように考えた理由を書きましょう。
（　　　　　　　　　　　　　　　　　　　　　　　　　　　　）

4 実や種子のでき方 [教科書 66〜79ページ] あるイチゴの農家では、ビニルハウスでイチゴの実をたくさん作るために、ある生物の助けを借りています。次の問いに答えましょう。

(1) 農家の仕事を助けているある生物とは何ですか。次のア〜エから選びましょう。
（　　　　　　　　　　）

ア　ツバメ
イ　カタツムリ
ウ　ハムスター
エ　ミツバチ

花に集まる生物だよ。

(2) (1)の生物は、どのようなはたらきをしますか。（　）に当てはまる言葉を書きましょう。

イチゴの花の①（　　　　　　　　　　）を、②（　　　　　　　　　　）の先に運んで、
③（　　　　　　　　　　）させる。

5 流れる水のはたらき [教科書 96〜115ページ] 山の中や平地の川原の石の大きさのちがいを調べるために、次の図のような写真をとりました。あとの問いに答えましょう。

ア　　　　　　イ　　　　　　ウ

(1) 石の大きさが最も大きいのは、ア〜ウのどれですか。
（　　　　　　　　　　）

(2) ア〜ウのすべての写真に、同じものさしが写るようにしているのは、なぜですか。
（　　　　　　　　　　　　　　　　　　　　　　　　　　　　）

6 **電流と電磁石** 教科書 122～139ページ 次の図のように、100回まきのコイルと200回まきのコイルを用意して、コイルのまき数と電磁石の強さの関係を調べる実験をしました。あとの問いに答えましょう。

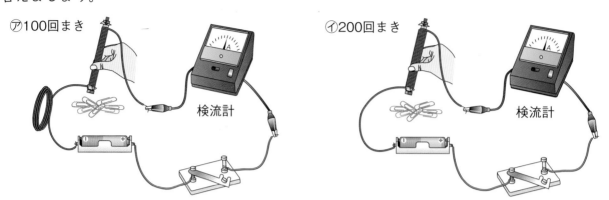

㋐100回まき　　検流計　　　　　　　㋑200回まき　　検流計

(1) この実験をするとき、㋐と㋑で変える条件は何ですか。次のア～エから選びましょう。

（　　　　　）

ア　電流の大きさ
イ　コイルのまき数
ウ　導線の長さ
エ　かん電池の向き

3つはそろえる条件だよ。

(2) この実験をするとき、㋐と㋑でそろえる条件は何ですか。(1)のア～エから3つ選びましょう。

（　　　　　）

(3) この実験をするとき、コイルにまかずに余った導線は、どのようにしておきますか。次のア、イから選びましょう。

（　　　　　）

ア　切り取っておく。　　イ　切り取らずに、束ねておく。

(4) (3)のようにするのは、何の条件をそろえるためですか。(1)のア～エから選びましょう。

（　　　　　）

7 **もののとけ方** 教科書 144～160ページ とけ残りが出たある水溶液のとけ残ったつぶをろ紙でこして、取り出すことにしました。あとの問いに答えましょう。

図1

図2

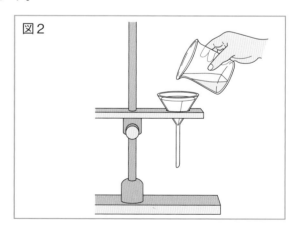

(1) 図1のような器具を使って、つぶをこして取り出すことを何といいますか。

（　　　　　）

(2) (1)の方法について、図1には正しくない点が2つあります。どのように直すとよいですか。ガラスでできた器具とビーカーをかき足して、図2の□の中を正しい方法にしましょう。